ダニエル・P・バゲ

鬼塚隆志 監修

木村初夫 訳

マスキロフカ

進化するロシアの情報戦！
サイバー偽装工作の具体的方法について

五月書房

監 修 者 序 文

元陸上自衛隊化学学校長兼大宮駐屯地司令

鬼塚 隆志

　本書は、ロシア連邦が現在も、ロシア帝政時代からソビエト連邦時代へと引き継がれた影響工作（influence operations）を、従来からの手段・方法はもとより、特に最近ではソビエト連邦で 1950 年代に開発された「反射統制（reflexive control、ロシア語Рефлексивное управление）」という理論的な概念に、進歩する科学技術特にインターネットに代表されるサイバー空間を活用する手段・方法を適用することよって、陰に陽に着実に実行しているということを、その基となる理論的な概念はもとより、それに関するロシアのドクトリン、ロシアが適用した反射統制の要素に基づく最近の事例分析等を含めて、理論的に説明している。

　　参考：「反射統制 (reflexive control)」に関する用語について、現時点では、reflexive control の日本語の定訳はないが、ロシア研究家の保坂三四郎氏が「ロシアが展開する目に見えないハイブリッド戦争」（『中央公論』2018 年 7 月号）で使用した「レフレクシブ・コントロール（反射統制）」の訳語に準じている。

　また、そのロシアの影響工作特に反射統制に対処するためには、その影響工作等の目的・能力・方法・影響力等を深刻に認識し、主導性をもって対処する必要があるということを提言している。

　影響工作とは、おおまかに言えば、ある国（国家群）が自分たちに有利になるように、あらゆる人的・物的手段方法を用いて、敵性国（国家群）の意思決定者および意思決定組織が行う各種事象に対する判断および意思決定に対して、特に国の意思決定に大きな影響を与える自由主義国家の大衆に

対して影響を及ぼすことである。これに関する最近の事例には、2016年と今回の米国大統領選およびコロナ感染症の事態の中に現れている。

また、本表題の「マスキロフカ（maskirovka、ロシア語маскировка）」という語は、ロシア帝国ニコライ二世の時代に軍事学校で体系的に教えられた作戦術や情報スパイ技術の一部である。この語の英語の直訳はないが、それにはダミー、囮、示威操作の実行、偽装、隠蔽、拒否、欺瞞および偽情報の利用といった活動が含まれる。この概念はロシアが行っている影響工作の現代版である反射統制にも反映されているとみられる。

事案としてのロシアの影響工作については、我が国でもすでに紹介されているものの、その影響工作の背後にある、ロシアが情報兵器とみなしている反射統制の理論については、ソビエト連邦時代からのロシアを始めとして、米国、欧州、カナダ等では学術的な研究が行われているが、我が国では、ロシアの安全保障研究者が用語レベルで言及しているだけであり、具体的な内容についてはほとんど紹介されていない。したがって、本翻訳書は、我が国で初めて出版される「反射統制」に関する成書であり、ロシアの影響工作の正体を理解する上で非常に価値の高い本である。

以下、本書が論じている概要について、主要な用語の説明も兼ねて記述する。

○サイバー空間について

サイバー空間は情報戦の一環として決定的な闘争の場となっている。敵の重心と重大な脆弱性を攻撃する情報戦の手段として使用することによって、安価で、敵の領域を必ずしも攻撃することなく、敵に対して政治的だけではなく軍事的にも勝利することが可能である。

情報戦は、それ自体で、また軍事作戦と結びついて、戦力投射（power projection）のための有力な手段である。ロシアは、他の主要国と同様に、

サイバー空間の概念よりもはるかに古い情報戦および情報作戦のための能力を進化させつつある。サイバー空間は情報戦と情報作戦を実行するための完璧な領域である。

○影響工作について

サイバー空間は情報発信・配信の新たな道をもたらしているが、影響工作はサイバー空間が利用できない昔からその時代の手段・方法によって行われてきており、影響工作の大部分は、いくつかの例を挙げると、商業広告、選挙、政治論争・抗争、政治制度の民主的基盤、および個人の認識のような確立した社会的機能を攻撃目標（標的）にしてきた。

○ロシアのサイバー能力・戦力（Cyber Power）について

サイバー戦力に対するロシアと米国の認識は異なり、ロシアの学者および軍事専門家の間で共有されている見解は情報技術的な側面から情報心理的な側面までを含んでいる。ロシアはサイバー戦力と情報戦（informatsionnaya vojna）を総合的概念として広く理解しており、情報戦にはコンピューターネットワーク作戦、電子戦、心理戦、および情報作戦（情報操作）までが含まれると要約されている。

この情報戦に対するロシアの総合的な取り組み（アプローチ）に関して、3つの起点が挙げられており、その注目すべき点について記述する。

・第一の起点は軍事技術革命すなわち軍事における情報技術革命である。

1997年にマリー・C・フィッジェラルド（Mary C. Fitzgerald）が正しく指摘していたとして、その内容が次のように引用されている。

ロシア軍によると、新たな軍事における革命（RMA）における優越性は、C4ISRシステムにおける優越性から起きている。すなわち、1）偵察、監視、および目標捕捉（RSTA）システム、および2）「インテリジェント」指揮統制システムである。

　　参考：20世紀の情報革命によるRMAは、歴史家のマイケル・ロバーツが定義した16～17世紀の「軍事革命」（Military Revolution）とは異なる概念なので、本書では前者を「軍事における革命」と訳し分けている。

　　参考：C4ISRに関し、C4とは指揮（Command）、統制（Control）、通信（Communication）、コンピューター（Computer）を意味し、ISRとは情報（Intelligence）、監視（Surveillance）、偵察（Reconnaissance）を意味する。

　情報技術は現在「21世紀で最強兵器」と言われており、その効果は大量破壊兵器に匹敵する。したがって、ロシアの政治軍事指導部は、工業化時代の物質集約システムから情報化時代のシステムへの劇的な移行を巧みに実行している。

・第二の起点は積極工作（active measures）の概念である。

　この用語は、1989年の米国国務省の『ソビエトの影響活動、積極工作と宣伝に関する報告書、1987-1988年』の中で記述されているいくつかの専門技術・ノウハウを含んでいる。それは、偽情報と偽造、偽装団体と友好協会、非合法な共産党と左派政党、および政治的影響工作である。

　積極工作は現代技術を通じて利用できる選択肢に支えられて、デジタル時代におけるその作戦的なまた戦略的な目的にかなうように修正されて適用されている。

　サイバー領域は、帰属の問題と曖昧な境界をもつことから、情報作戦を実施するのに完璧な環境であり、その特質により戦力倍増器とみなされ、積極工作は、サイバー空間の拡大によって大幅に拡大した。積極工作は幅広い活動を含むが、その用語を本来の文脈で理解すると、「何かを隠す」ことを意味するマスキロフカである。

　戦略的なマスキロフカの概念の目的は、敵対者の意思決定プロセスを操作して、その戦略的行動を我が望む方向に操作するということである。

　　参考：積極工作とは、一般的に、1920年代以降、ソビエト時代から現在のロシアが行ってきた、偽情報、組織的宣伝（プロパガンダ）、欺瞞、妨害、不安定

化、スパイ活動などの政治工作であると言われている。

・第三の起点はサイバネティックスである。

　サイバネティックスとは、複雑系システムまたはシステム・オブ・システムズにおける意思決定のプロセスまたはその性質を探求するものである。このことは、我々が技術的手段によって提供されるコンテンツを前提としている今日のデジタル時代においても重要である。

○反射統制について

　反射統制とは心理戦、情報戦および情報作戦をはるかに超えて、マスキロフカまたスパイ技術全般の概念を使用する方法に関するほぼ統一されたロシアの理論的な概念である。今日のロシアで適用されている反射統制は、合理的に競争力を発揮し、現代戦の戦略の重要な要素を構成している。

　反射統制とは、意思決定システムをモデル化し、それを理解して最終的にはそれらを破壊することであり、主な目的は、欺瞞者である当事者にとって有利な決定をするように敵対者に影響を及ぼすことである。反射統制の創始者であるウラジミール・ルフェーブル（Vladimir Lefebvre、2020年没）によれば、紛争を2つの軍事力の間の相互作用とみなすのではなく、2つの対立する主体の意思決定プロセスの間にあると考えるべきであるとしている。すなわち反射統制とは、あらかじめ巧妙に作られた情報を敵対者に伝えて、当事者が望む意思決定を敵対者に自発的に行わせることである。これは、第二次世界大戦中の同盟国にとっても役に立った古い概念である。しかし、過去と現在の反射統制の違いは、戦時と平時というだけではなく、使用される手段・方法や活動にある。

　反射統制は、戦略的、作戦的および戦術的な目的のために意図されており、それは反射統制を行う当事者に有利なように敵の意思決定システムの動きを変更させるために長期間にわたって継続する工作であり、民と軍の

アセット（人的・物的資源）が用いられる。

　特に反射統制は、敵対者の意思決定システム自体だけを弱体化させ、それが反射統制の計画者を有利にし、ひいては重要な軍事的または政治的な資源を危うくすることなく、あるいは主権国の内政干渉と認識される閾値を満たすことなく、戦力投射をするのに役に立つとしている。本質的に反射統制とは、道徳的価値観、心理状態、あるいは意思決定者の性格に対しても意図的な影響を及ぼす情報を敵対者に与えることを目的とした長期的な影響工作である。

　上記に加えて本書は、ロシアの安全保障および国防体制を理解するには、情報の脅威、情報安全保障、およびそれらの戦略的およびドクトリン的レベルとの関係に関して、国家安全保障、軍事戦略および国防を扱っている公式文書を分析し理解する必要があるとして、次の公式文書から直接抜粋し、著者のコメントを付けて紹介している。

　それらの公式文書とは、「サイバー戦力および情報脅威に関するロシアのドクトリン的な考え方」という見出しで取り上げている 2006 年と 2016 年の『ロシア連邦の情報安全保障ドクトリン』、2016 年の『国家安全保障のドクトリン』と 2015 年からの『ロシア連邦国家安全保障戦略』、また軍事ドクトリンの見解を表わすものとして、『ロシア連邦の軍事ドクトリン』(2010 年)、『情報空間におけるロシア連邦軍の活動に関する概念の見解』(2010 年)、『科学の価値は先見性にある：新たな課題は戦闘作戦を実施する形態と方法を再考することを必要とする』(2013 年)、および 2015 年に採択された『ロシア連邦の軍事ドクトリン』である。

　さらに本書は、「反射統制──サイバー関連例」として、反射統制の要素（動揺、過負荷、麻痺、消耗、欺瞞、分裂、鎮静、抑止、挑発、提案、圧力）に区分して詳細に説明している。

　以上のように、本書は、ロシアの日々発展する科学技術を駆使した影響工作を理解させるために、理論的にかつ最近の事例等を含め非常に具体的に記述しており、特にスパイ防止法もない日本とっては、日頃からこれらの影響工作にどのように対処すべきかという観点からも非常に貴重な本であり、特に戦後の洗脳活動・教育によってか真剣に自国の安全保障を考えることが二の次になっている日本人にとっては、是非とも一読すべき本と言える。

　おわりに、本翻訳書を刊行するに当たり、出版について快諾されかつご尽力いただいた株式会社五月書房新社のオーナー杉原修氏に対して翻訳者木村初夫氏にかわって深甚なる謝意を表します。

　　　令和 3 年 6 月吉日

　　　　　　　　　　　　　　　　　　　　　　　　監修者しるす

【 免 責 事 項 】

　本書に記載されている見解は著者のものであり、必ずしもチェコ共和国の国家サイバーセキュリティセンター、チェコ共和国の国家サイバー情報セキュリティ庁、またはチェコ政府の公式の方針または立場を反映するものではない。共和国出版物の著者は、機密情報を開示しない、業務の安全を危うくしない、またはチェコの公式方針を誤って提示しない限り、完全な学問の自由を享受する。そのような学問の自由は彼に重要な問題についての議論を促進するために新たなまた時々物議をかもしている視点を提供する力を与える。

【目次】

【 序 文 】

ジョージ・ティエベス（米国陸軍大佐）

米国の選挙プロセスにおける外国によるニュース操作は、地政学的な目標を達成するために、仮想戦線を攻撃する敵の意志と能力を浮かび上がらせている。サイバースパイ、操作、およびデジタル偽情報工作の実態は、国、企業、および個人が現在活動している大胆で新たな高烈度空間を明らかにしている。

ダン（ダニエル）・バゲの『マスキロフカ　―進化するロシアの情報戦！サイバー偽装工作の具体的方法について―』は、情報作戦領域の能力と制限についてより深く理解するために、政策立案者や戦略家にとって必読書である。これは情報とサイバーの世界で働いている人々にとって読むべきものである。ダンは、ロシアが情報作戦ドクトリンにデジタル能力を取り入れること、それにもたらす進化と思考過程、また情報戦がロシアの政治的および軍事的目的を戦略から戦術レベルまでどのようにサポートするかを理解する上で優れた入門書を出版した。クリミアから米国本土までの例では、ダンの著作は有益であると同時に魅力的である。この分野のほとんどが単に問題に驚いているのに、ダンは思慮深くかつ可能性のある実効的な対策を提示している。

わたしはドイツのジョージ・C・マーシャル欧州安全保障研究センターでダンに初めて会った。そこでわたしはフェロー兼非常勤教授に就任し、彼は大学院の学位を取得していた。ダンはすでにサイバー空間作戦と情報作戦に強烈な関心を示しており、ソーシャルメディアの爆発的拡大を敵対的政策の拡大の新たなフロンティアとして考えることに前向きな考え方を示していた。それ以来、安全保障部門内でのその後の職務、学術プログラム、シンクタンクを通じて、広範な研究を行ってきた。チェコ共和国サイバー安全保障委員会の前委員長として、ダンはこの分野での自国の国防だけではなく、西側にわたるこの領域の対話と理解を形成する最も重要な支持者の一人である。

シュトゥットガルト、2018 年 10 月 1 日

ジョージ・ティエベス（George Thiebes）はフロリダ出身。1990 年に
米陸軍士官学校を卒業。現在、米国欧州統合軍特殊作戦軍（US Special
Operations Command Europe）J3 に勤務している。提示された見解は著
者のものであり、必ずしも国防総省またはその構成組織の見解を表すもの
ではない。

イジー・セディヴ（大使）

　クリミアの併合以来のロシアの攻撃的な行動に対処して、NATO はその
東側の側面を強化し、その抑止と防御態勢を強化した。第 5 条［訳注：北大西
洋条約の第 5 条では、1 つまたは複数の締約国に対する攻撃は、すべての締約国に対
する攻撃であると述べている］の保証の信頼性が今も議論の余地がないように、
モスクワは NATO、EU、我々のパートナーおよび西側諸国全体に対するハ
イブリッド活動を加速させてきた。このハイブリッド活動は集団防衛のレッ
ドラインレベル以下で行われている。情報が基本的な兵器であると同時に、
サイバー空間は主要な戦場であり、サイバー能力は重要な推進役および重要
な戦力倍増器である。

　したがって、本書は適時かつ適切なものである。この著者はチェコの主
導的なサイバー防御専門家（彼が共同主導したチームが国際的なサイバー防御演習
Locked Shields 2017 で優勝した）であるが、彼の研究はサイバー戦ではなく、
主に「情報戦」に焦点を当てている。

　我々は毎日、製品やサービスの宣伝のような商業目的で、あるいは民主的
プロセスや政治的競争の一環として、さまざまな種類の情報ベースの影響工
作にさらされている。デジタル化された情報、インターネット、ソーシャル
メディアおよびその他のプラットフォームは、情報の拡散のための無限の空
間を提供する。この情報過多を考慮して、課題はハイブリッドな意図を持つ
悪意のあるコンテンツを識別し、その後適切な対策で迅速に対応し、長期的

な観点からレジリエンス（強靭化）を強化し続けることから始まる。

　相手を知ることが、実効性のある対策を講じるための最初のステップである。バゲの研究の中心的論拠によると、ロシアは総合的に（その情報技術的なだけではなく情報心理的な側面を）「サイバー戦力」として概念化してきたが、一方、問題／解決への米国／西側のアプローチはより技術的に偏っていてインフラ中心であり、心理的、感情的または言語的領域であっても、あまり具体的でないもの、すなわち認知的および知覚的な操作方法を十分に統合していないという事実を強調している。

　この著者は、積極工作、偽情報、欺瞞および拒否（いわゆるマスキロフカ〔maskirovka〕）といったロシアの概念の歴史的な経路依存［訳注：人々に提示される決定が過去の決定または過去の経験に依存していること］を重視している。マスキロフカは、19世紀と20世紀の変わり目の皇帝体制の秘密警察の方法に深く根ざしたものである。この伝統はソビエト体制によって維持され、さらに洗練され、最終的には「反射統制」（Reflexive Control）の総合的な概念に簡素化された。

　バゲによると、この概念は、「意思決定システムをモデル化し、それらを理解し、また最終的にそれらを破壊することである。その主な目的は、敵対者が欺瞞者としての当事者にとって望ましい意思決定をするように影響を及ぼすことである」。要するに、それは、「道徳的価値、心理的状態あるいは意思決定者の性格にさえ意図的な影響を与える情報を敵対者に提供することを目的とした、長期的な影響工作」である。悪意のある情報作戦の究極の目的は、我々の脅威の認識と政治的行動を変え、既存の摩擦と恐怖を深め、不確実性を広げ、我々の国々および我々の同盟国にまたがって不和をもたらし、最後に、我々の決心と行動能力を弱体化させることである。この目標が攻撃を受けていることを十分に認識していないことが多いため、長期にわたって段階的に変化する影響と組み合わされた徐々に進行する性格は、情報作戦を特に危険なものにする。

　この著者は、関連するロシアの戦略文書やドクトリン文書の詳細な精査を含めて、反射統制の概念を中心に編成された情報空間におけるロシアのハイ

ブリッド戦モデルの詳細な分析を提供している。バゲはロシアのハイブリッドモデルの多次元アーキテクチャを説明し、政治、戦略、作戦、および戦術レベルの関与と、さまざまな目標や視聴者に対して調整され使用される大量の悪意のある手段・方法の総論的な相乗効果も含めている。彼は最近のいくつかの事例研究でその応用を明らかにしている。

ロシアのハイブリッドアプローチが平時と戦時の区別を認識していないことは今や十分に確証されている。政策と政治は他の手段による戦争の継続である（レーニンがそれを述べたように、クラウゼヴィッツの有名な言葉をロシアの元首に向けている）。また、ロシアの政策立案者や戦略家がミラーイメージング［訳注：「相手に向けた感情や思考が、そのまま自分に跳ね返ってきて自分の思考や行動に影響する」という心理学の考え方］を信じることを理解することも重要である。このように、彼らは我々（西側）が同じではないとしても、彼らに対してハイブリッドの概念と方法を使用すると確信している（2013 年にロシア参謀本部長のゲラシモフによって発表されたたびたびの発言記事は適切な事例である）。逆が真実であり、バゲは明確である。すなわち、我々はそのハイブリッド軍事作戦に対抗するためにロシアを模倣するという誘惑を拒否する必要がある。モスクワのゲームを受け入れることは必然的に我々の社会の自由な価値観を損ない、最終的にロシアに勝利をもたらすであろう。

本研究はロシアに関連する 13 の具体的な提言にまとめている。それらの提言はそれでもなおハイブリッド課題がどこから来てもそれらに対して構築するレジリエンス（強靭性）に関して使用できる。バゲは、次のように結論付けている。「提言の重要な構成要素は個人である。個人はプロセスと意思決定の共通部分である……。個人が強靭であれば、分析、情報処理または意思決定も強靭である」

本書は絶対に読む価値がある。それは政治家や政策立案者、専門家、ジャーナリスト、教師や学生、および関心のある一般の人々といったより幅広い聴衆に届くはずである。それにより問題の展望を広げて、情報戦の徹底的な分析の枠組みとそのような脅威にどう対処するかに関する実践的マニュアルの両方を提供する。すなわち、それにより教育し、最終的には、それは

対ハイブリッドのレジリエンス構築に貢献するものである。

ブリュッセル、2018 年 9 月 12 日

イジー・セディヴ（Jiří Šedivý）はチェコ共和国の NATO 常任代表、前 NATO 国防政策計画次官補およびチェコ国防省第一副大臣。国防部門の変革、民軍関係および国家戦略の立案について講義する安全保障研究の教授。専門家、学者、および世論形成者として、彼はチェコ共和国の NATO と EU への加盟に重要な役割を果たした。

カレル・シェカ

　読者は最新かつ比類のない両方の本であるロシアの情報戦についての本を読もうとしている。わたしはダニエル・バゲがチェコ共和国でサイバーセキュリティポリシーの策定と実施を担当していたときに彼を知った。ダニエルはサイバーセキュリティの専門家だけではない。彼はこの分野の真の先駆者の一人であり、知的に刺激を与え、チームビルダーであり、また信じられないほどのイニシアチブを持つ熱心な愛国者である。したがって、この本はわたしにとって驚くことではない。この話題について書くためのより適切な著者を見つけることはほとんどできないであろう。

　この本は主にロシアのサイバー戦と情報戦をより広い視野からほとんど網羅している。これはそれ自体では十分に複雑な話題の材料であろう。しかし、この真の価値は、著者が「戦略的に重要なレンズを通した」真の総合的な方法でこの話題を分析し、説明するという広い文脈にある。読者は、この文章が著者の声明、すなわち、「サイバーセキュリティを技術的事項と考えることは、あらゆるプロセスや組織にとっての重要性を過小評価するという予期しない結果を招くおごりとなっている」ということに基づき書かれたことがわかる。読者は、情報、技術、ネットワークおよびマルウェアについての読書を期待するかもしれないが、歴史、動機、認識および精神について読んでいることに気付くであろう。そして、それこそまさに我々が必要としているものである。

　我々はかつて情報化時代に入った。ますます多くの情報がサイバー空間で作成、伝達、処理、および保存されるにつれて、この領域は我々の幅広い情報環境の重要な部分を占めている。国家安全保障に対するますます増加する情報環境の重要性と同様に、それに対して我々が依存していることを十分に理解するときが来た。サイバーリテラシーはもはやコンピューターオタクだけの問題ではない。より広い情報戦の文脈でサイバー戦を理解することは、国家安全保障に貢献したい人々にとって必要なことである。読者が軍隊、文民治安組織、外交、情報機関、または学界で働いているかどうかにかかわらず、状況の基本的な理解を持つ必要がある。サイバー戦やより広い情報戦は、我々の軍隊および文民の国家安全保障教育、訓練および専門家育成のあらゆるレベルにおいて共通の話題にならなければならない。読者が戦術、作戦、または戦略レベルで働いているかどうかは関係ない。すなわち、読者に常に影響があるものであろう。

　ダニエル・バゲの本はまさに我々が必要としていたものだとわたしは本当に確信している。サイバー戦や情報戦を理解することは、コンピューター、ネットワーク、およびマルウェアに関するものであると同時に、歴史、文化、心理学、政策、および戦略についても関係があることがわかる。ダニエルはこの適時で複雑な話題を通して我々を導き、我々に状況と歴史を見せてくれる。したがって、彼は我々が「より広いスケールで起こっていることを状況から理解すること」に役立っている。特にロシア連邦に関連して（だけではなく）我々のサイバー戦や情報戦の認識に大きく貢献する大きな可能性がある。

　この本の原稿を読むことは特権であり喜びであった。わたしはこのような本を書いてくれた著者に感謝する。わたしはそれが多くの読者を豊かにすると確信している。

グダニスク、2018 年 9 月 16 日

カレル・シェカ（Karel Řehka）はチェコ軍准将、NATO 多国籍部門北東副司令官。以前はチェコの特殊作戦部隊を指揮した。『情報戦（Informační válka）』の著者であり、他のいくつかの本への寄稿者である。

フィリップ・ラーク

　バゲは、サイバーおよび情報セキュリティにおけるいくつかの最上位戦略の国家問題の構想と定義という優れた仕事をしてきた。彼がよく研究した歴史的な例は、ソビエト連邦の「反射統制」に関する思慮深い概観と現代の解釈を含んでおり、素晴らしい。サイバー空間のダイナミックな規模、範囲、および普及ならびに社会における国民への影響を考えると、それらの例は熟考と継続研究の重要性について国家サイバー対応関係者に対して注目に値することを思い出させるものとして役に立つ。わたしは、任務の遂行において直面するであろう増大する機能横断的な影響についてよりよく理解したい国家サイバー対応関係者にこの本を推奨する。

　　　　ワシントン DC ／ガルミッシュ・パルテンキルヘン、2018 年 9 月 19 日

フィリップ・ラーク（Philip Lark）はジョージ・C・マーシャル欧州安全保障研究センター、サイバーセキュリティプログラム部長。

マスキロフカ

進化するロシアの情報戦！
サイバー偽装工作の具体的方法について

Unmasking Maskirovka:
Russia's Cyber Influence Operations

ダニエル・P・バゲ
Daniel P. Bagge

鬼塚 隆志 監修

木村 初夫 訳

序　論

　中国の軍事戦略家である孫子にとって 2500 年前の陸上の戦場で正しかったのと同様に、次のことは今日のサイバー空間にも当てはまる。すなわち、「敵を知り、己を知れば、百戦危うからず」である。この研究では、既存の知識と概念、およびそれらとサイバー戦の話題との相関関係を総合する。その目的は、「欺瞞」の戦略的意義、悪意のある活動を実行する推進役としてのサイバー空間、および以前のアナログ情報作戦の「増幅・加速」方法を読者に提供することである。本書は攻撃の詳細な技術的事例研究ではなく、その代わりに研究を行う期間が限られている政策立案者および意思決定者のための基礎知識となる読書として役立つであろう。サイバーセキュリティおよび国防の専門家が技術的な世界の外に全体像を紹介するための入門書でもある。

　今日のサイバー戦の分野では、2 つの世界（政策、意思決定、統治および国家安全保障の世界ならびに CERT〔Computer Emergency Response Team〕および CSIRT〔Computer Security Incident Response Team〕の技術的な世界）が衝突している。どちらの世界も、お互いの重要性を認識し、一見無関係に見える事案を作戦術や戦略的意思決定に結び付けることに苦労している。

　ここでの目的は、ロシアの戦略的および軍事的指導力ならびにサイバー戦能力を使用するためのロシアの軍事的思考過程の認識を検討することである。これを米欧の方法と対比することで、この相違点を理解し、それによってロシアのサイバー戦軍事作戦の背後にある戦略的目標をよりよく理解することができる。この研究により、国家のサイバー空間作戦の重要性

についての理解が容易にされる。すなわち、なぜこの活動がそれほど有用であるのか、またそれが従来の取り組みとデジタルの取り組みを結び付ける工作にどのように影響を及ぼすのかについてである。

　戦略的分析から一見孤立した事案を分離する問題が顕著になっている。最近まで、国家はサイバーセキュリティ事案を戦略的重要性のレンズを通して分析することなく、孤立した出来事として扱っていた。これは、サイバーセキュリティを主に技術的問題とみなしていたためである。これはそうではなく、以前にはなかったものである。

　サイバーセキュリティは、情報の送信、受信、保存、処理および分析に使用されるインフラの防護だけではない。また、それはコンテンツ、情報領域と情報資源（この場合には個人）の間の相互作用についても関係する。国民、すなわち利用者は、膨大な量のデータを作成する。サイバーセキュリティ事案は、国家安全保障、経済的安定、および国民の幸福に影響を及ぼす。

　サイバーセキュリティは長い間、IT保守を提供する地下室にいる高度な技術を持つ技術者の領域としてみなされてきた。サイバーセキュリティを技術的な問題と考えることはおごりであり、今日のどのようなプロセスや組織にとってもその重要性を過小評価するという意図しない結果を我々にもたらしている。

　継続的な問題は、政府内の意思決定の立場にある個人が情報セキュリティ、サイバーセキュリティおよびITサービスの役割を正しく評価することがほとんどないことである。あまりにも長い間、あまりにも多くの人がそれを単にプリンタのトナーを交換するかネットワークを保守する人、あるいは機関内の情報の流れを安全にする人とみなしてきた。心理的観点からは、サイバー、IT、および情報セキュリティといった抽象的概念を可視化することは困難である。そのため、それらは課題として理解し、脅威として認識するのが難しく、適切な立場の適切な人々とコミュニケーションをとることが非常に困難である。

　それにもかかわらず、サイバーセキュリティ、サイバー空間、情報領域、および単一のグローバル情報空間の分野では、多くの課題と脅威があふれている。法執行機関は、技術的知識または犯罪行為の分析といったサイバーセキュリティのさまざまな側面を重視している。最近の技術的進歩によって影響を受けた国家安全保障問題を分析する人たちもいる。戦略的な考え方では、膨大な量の技術情報を調べ、それを現実の事象と関連付けることをできるようにするために、政策と技術の両方の世界に習熟する必要がある。戦略的な考え方は、国際政治、国家安全保障、自分自身の利益、および戦略的敵対者の利益の合流点に集中している。

　サイバーセキュリティの課題と脅威は、情報化の技術的側面に関する政策決定者の無知だけではない。一見無関係な事案がもたらす潜在的な結果について技術レベルで理解が足りていないとしても、それは補足的な問題である。技術的な世界では、敵対者の目的の詳細な分析や、物理的または国際的な安全保障領域における事象との関連付けが欠けている。敵対者の意図を知り、相手の戦略的思考に何をもたらすのかを理解すること（たとえば、敵対者のドクトリンの使用）は、何が起こっているのかをはるかに広い範囲で状況説明するのに役立つ。

　この研究では、サイバー戦ではなく情報戦について調べている。この研究の主題であるロシア連邦は、サイバー戦ではなく情報戦とみなすものに取り組んでいる。その取り組みは、サイバーを含んでいるが、サイバー以上のものを含んでいるため、「情報戦」である。

　サイバー空間は、情報戦の一環として、決定的な舞台となった。サイバー空間は持って生まれた心理的影響を伴う新しい次元の可能性を開く。敵対者の重心と重大な脆弱性を攻撃するために情報戦手段を使用することによって、低コストで、敵の領域を必ずしも占領することなく、敵に対して政治的にだけではなく軍事的に勝利することが可能である。情報手段の使用は、情報資源、計算能力、およびデジタル化されたプロセスに大きく

依存する社会に対して実りある結果をもたらす。

　情報戦は、独立モードでも軍事作戦と組み合わせても、戦力投射のための強力な道具である。他の主要国と同様に、ロシアは「情報戦（IW）」と「情報作戦（IO）」のための能力を開発している。西側が認識しているように、IWとIOはサイバー空間の概念よりはるかに古いものである。しかし、サイバー空間はIWとIOを実行するための完璧な領域である。ロシアの行政府や軍事部門では、情報戦、心理戦、欺瞞工作、または「コンテンツベース工作」と呼ばれる「マスキロフカ」を担当するいくつかの組織がある。もう1つの例は、プログラミングならびに情報領域の技術面を悪用する悪意のあるコードからの影響に基づく「コードベース工作」の概念である。

　デジタル化と新技術から発せられる新たな兵器と結び付いた古い概念の再現は、戦略的目的が達成される方法だけではなく、戦略的目標自体を定義する方法にも大きく影響する。過去においては、国家は敵対者に対する軍事的勝利を確保することによって戦略的目的を達成し、通常は領土の占領、敵対者のインフラの破壊、または敵対者の指揮統制系統の除去のいずれかで完了した。すなわち、軍事的手段で征服することである。今日では、戦略的目的は、自衛的メカニズムと行動を過小評価する指導層および国民に対する「影響工作」によって達成することもあり得る。サイバー空間を使用した欺瞞工作がなぜ政治制度や社会に対して非常に効率的であるのかの研究は、心理学、社会学、および政治学の分野での課題である。しかし、活動の効率性（および何が起こっているのか）を理解できるようにするには、事象が発生した理由ならびに伝播、技法、およびツールの意味で事象が発生した方法を把握することが不可欠である。一方は社会と個人への影響、他方はその活動の歴史的・技術的理解という、2つのサブグループに分けることができる。この研究はドクトリン的／歴史的道具箱とデジタル時代のために再目的化されたアナログ概念からの展望を提供する。

謝　辞

わたしを 2018 年の同窓生に選んでくれたジョージ・C・マーシャルセンターに感謝する。彼らの支持と慈悲がなければ、わたしはこの研究を完了することができなかったであろう。フィリップ・ラーク教授とイストヴァン・フェハー（Istvan Feher）教授（少佐）は、わたしが作成した論文の文章を洗練し、仕上げるのに貢献してくれた。わたしが研究や執筆をしている不在の間にわたしをカバーしてくれた自分のチームに感謝する。わたしを励まし、自分に興味をそそる質問（「あなたは本当にこの本を書きたいのか」）をしたり「代わりにバーに行こう」と誘ってくれた友人たちに対して、すべての支援に感謝する。この本の一部を読み、もっと熱心に読んでくれた、わたしの同僚、マルティナ（Martina）とピーター（Peter）に感謝する。また、もちろん、この研究を本に変えてくれた、舞台裏の操り人形師であるショーン・コスティガン（Sean Costigan）に感謝する。

最後に、特に、母が皆様のやり方を教えてくれたことに感謝する。わたしは、一見漠然とした考えを何かに具体化することができ、サイバーセキュリティと国家安全保障の領域で自分の仲間の役に立つことを願っている。

影響工作

　悪意のある意図であろうと、製品やサービスの宣伝のためであろうと、毎日我々を取り巻く影響工作が行われている。影響工作が増加しているかどうかを尋ねることは時代遅れである。より適切な質問は、それよりも、影響工作に人が影響を受けやすいかどうかであり、もしそうであれば、影響工作は人が影響工作を理解することができるようにどれだけ正常に機能するのか、また影響工作がもたらす可能性のあるどのような悪影響に対してもどれだけレジリエント（強靱）になるかである。

　これらの活動についての公開討論はここ数年で大きな勢いを得てきた。しかし、我々はこの現象についてのより深い理解を欠いている。我々の脅威認識や選挙行動を変えることを目的とした影響工作になると、単なる声明では我々が脆弱にならない方法を理解するのに役立たない。非政府組織、報道機関、シンクタンク、および直接政府の取り組みによって行われた記述的な工作分析の質に関する論文や研究は数多くある。なぜこれらの活動が生産的であるのか、またどのようなツールが使用されるのかは、さらなる悪用を防ぐための中心的課題であるが、最初にこれらの悪意のある取り組みを特定し、また敵対者の目的を理解する必要がある。

　影響工作におけるツールの類型とその有効性を見ながら、影響工作が戦術上、作戦上または戦略上の目的を達成しようとしていることを認識することが不可欠である。軍事的目的または政治的闘争に関連する影響工作を検討するとき、そのような工作の目標を追求するためにさまざまなツールが適用されているのがわかる。影響工作の実行は、通常、近年のいわゆる

グレーゾーン紛争で目に見える工作といったより広範な一連の活動の一部
である。これらの属性を、マザール（Mazzar）がグレーゾーン紛争の属性
を定義しているのに倣って、次のとおりに定義する。

1. まとまりのある統合された工作を通じて政治的目的を追求する。
2. 主に非軍事的または非運動エネルギー的なツールを使用する。
3. 徹底的な在来の紛争を回避するために、重要な段階的拡大または
   レッドラインの閾値以下に維持するように努める。
4. 特定の期間内に最終的な結果を求めるのではなく、徐々に目的に向
   かって前進する。

　影響工作を理解するための基本的な方法は、それらの事象と影響活動を
分類し、その後、可能なところでは、検出事項を前世紀からの既知のパ
ターンと相関させることである。サイバー空間が情報発信の新しい目的達
成のための道を展開する一方で、影響工作の大部分は、商業広告、選挙、
政治コンテスト、政治制度の民主的基盤、および個人の認識のような確立
した社会的機能を目標としている。これらの機能は過去に存在しており、
サイバー領域の存在なしに、その時代専用のツールによって目標にされて
きた。影響活動は次のとおりである。
　　……メディアに対する国家統制、政党の征服、不正選挙、および情
　報作戦のためのブログや荒らし（トロール）およびソーシャルネット
　ワークの使用、非政府組織のような知的敵対者との和解工作、国家が
　宣言した敵（国内および国際的な政治的敵対者）に対する攻撃、偽情報工
　作に従事する政府側マスメディアの創設、従来の報道機関を弱体化さ
　せるための偽情報の配布、海外での政治的影響力の獲得、支配層に
　よって支持される外交政策目標を推進する政府側の非政府組織の設
　立。

　例示的なリストが目的（Aim）および行動（Action）によって分割される場合、所望の目標（Objective）を達成するためにそれを潜在的なサイバー構成要素と容易に関連付けることができる。説明のため、目標は、目標を達成するために提示された行動を受けた「目的」をラベル付けされている。この図は、コードベースの行動またはコンテンツベースの行動のいずれかに分類されたサイバー構成要素によって完全になる。

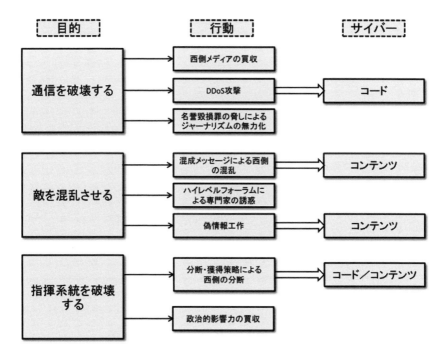

アナログの歴史がデジタルの現在にとってなぜ重要であるのか

　サイバー空間は戦略的な意図も、敵対者や脅威に対する認識も変えていない。それは新しい機会を提供したが、脆弱性および組織に敵対する方法により結果に影響を与えることができる。それほど肯定的ではない態度で、自国がより効率的に影響工作を実施し、攻撃時にその利点を活用することを可能にした。

　しかし、世代間の知識のギャップがある。サイバーセキュリティ技術アナリストは、主にサイバーセキュリティ事案、サイバー攻撃、およびコンピューターネットワーク作戦の技術的および科学的側面に焦点を当てている。より古い世代の経験豊かなアナリストは、サイバーセキュリティ事案の一見無関係な点を状況説明しなければならない。状況説明には、技術要員との慎重な作業が必要である。残念ながら、これら2つの種類のアナリストの間で知識ベースを融合することは、戦略的分析にとって著しく欠けている。その理由の1つは、米欧の国家安全保障に対する取り組みでは、脅威がどこにあるのかを理解していないということである。戦略および作戦レベルで活動しているアナリストや政策立案者は、サイバー空間からもたらされる脅威や課題を把握するために必要な技術的背景を十分に理解していない。サイバー空間で日常的に作業しているインシデント対応者およびサイバー脅威インテリジェンスアナリストは、モスクワが影響工作の概念をサイバー空間にどのように適用したかについての歴史的な文脈を欠いている。したがって、アナログの歴史を学び、そこから教訓を引き出すこと、それらの教訓をサイバー空間工作と関連付けること、また2つ

の世界がどのように絡み合っているかを理解する必要がある。

　要約すると、過去の影響工作のスパイ技術を研究することはきわめて重要である。この研究では、戦略的目標と敵対者の考え方、またこれらの目標がサイバーツールの選択にどのような影響を与えるかについての洞察を提供する。「情報作戦」のアナログ概念に対するサイバー結合と過去の技法からのそれらの適応を理解する必要がある。これらの古い概念が将来の紛争のための「新たな」決定的な領域を支配することを受け入れなければならない。基本的に、敵対者のイデオロギー的な立場と世界観は、スパイ技術を定義し、また適用された概念は、敵対者が彼らの戦略的権益を擁護するために行う活動の範囲を決定する。最後に、物理的な世界の事件や国家安全保障上の脅威によるサイバーセキュリティ事案の状況説明は、進行中や将来のコードベースあるいはコンテンツベースの工作を無力化または打破するために不可欠であることを理解する必要がある。

欺瞞の一般的入門[2]

　欺瞞は、軍事的および政治的紛争におけるツールとして長い伝統を堅持している。偽装、隠蔽、および欺瞞の特徴や行動の例は本質的に共通であるため、それは人類の活動にとってずっと特有のものではない。動物や動植物の領域では、欺瞞行為、偽装、色の保護要素、形、および隠蔽が存在する。この欺瞞の有効性は疑いようがない[3]。

　欺瞞の特質は、フランシス・ベーコン卿の1625年の「仮装と欺瞞について」（Of Simulation and Dissimulation）の随筆で、詩的に記述されている[4]。

　ここで考慮すべき欺瞞の基本原則がいくつかある。提供された情報が偽の場合、それはでっち上げと呼ばれる。このような偽情報は、相手を惑わせることを目的としている。操作とは真実の情報の使用であるが、その情報を誤った意味で示すために文脈から外すことによってその意味と目的を歪める。政治的欺瞞は軍事作戦と密接な関係を享受しており、実行するのが最も簡単であると考えられている[5]。戦略的目的を敵対者から隠すことは、政治的欺瞞の最も一般的な形態である。

　軍事的欺瞞はもっと秘密である。軍事的欺瞞は、受動的および能動的欺瞞といった一般的なカテゴリーに分類することができる。受動的欺瞞は、意図、軍事的即応性、および能力を敵に隠すことである。受動的欺瞞の定義には、すでに存在するものを隠すことが含まれる。反対に、積極的欺瞞は誤った前提を生み出す。すなわち、たとえば、存在しないものである。

これには、即応性、軍事力、または意図の計画された状態が含まれる可能性がある。欺瞞を理解する上でのもう１つのカテゴリーは、この策略の特異性のレベルである[6]。

ドナルド・ダニエル（Donald Daniel）とキャサリン・ヘルビグ（Katherine Helbig）は欺瞞をＡタイプとＭタイプのクラスに分けている[7]。Ａタイプは、混乱を招く攪乱を促進し広めるためのあいまいさを増すことを意味する。このＡタイプの欺瞞は今日ではよく使用されている。通信チャネルは攪乱を広めるために広範囲に広がった配信を可能とする。惑わせる多様性の原則に基づくＭタイプは、提供された情報に基づいて誤った前提を作成し、存在しない現実のモデルを敵対者に信じ込ませるようにする。

シャーマン大将が述べているように、「トリックにより、(欺瞞の) 犠牲者を２つの望ましくない選択肢の意思決定に直面させ、それからその犠牲者にそれらの選択肢の１つに決定させることである[8]」

欺瞞の他の２つのよく使用される方法は「隠蔽」と「条件付け」である。隠蔽は、脅迫的ではない活動を通してそれをフィルタリングすることによって、入ってくる敵対的な活動を偽装させる。それらは、たとえば軍事演習、あるいは外交の世界では偽の交渉である可能性がある。条件付けは、軍事、政治、また広告でも広く使用されている方法である。この条件付けは繰り返しによって機能する。すなわち、軍事分野では、最終的にそれを攻撃する準備は起こらない。見通しがなく実行しない立場を繰り返したり交渉したりすることは、政治における条件付けの一例である。敵対的行為の準備をし、それを繰り返し実行しないと、敵対者に誤った安全感を与えることになる。この誤った安全感はジョセフ・Ｗ・カデル（Joseph W. Caddell）によって提示された概念である (馴れ過ぎると侮られるようになる)[9]。この方法の目的の１つは、迫り来る脅威に対して敵対者を鈍感にするこ

とである。

　1947年、アイゼンハワー大将は陸軍参謀長を務め、戦時中の経験を振り返りながら計画立案・作戦部長にメモを書き、次のように言った。
「欺瞞手段の計画立案と実施もせずに主要な作戦が実行されたことはない[10]」

『欺瞞101——欺瞞に関する入門書』によると、戦略上、作戦上および戦術上の欺瞞に対する米国の見方は、次のとおりである[11]。

1.　戦略上の欺瞞は、「基本的な目的、意図、戦略、および能力を偽装する」ことを意図している。
2.　作戦上の欺瞞は、「当事者が実行する準備をしている特定の作戦または行動」に関して敵対者を混乱させる。
3.　戦術上の欺瞞は、「他者が当事者との競争、当事者の権益、または当事者の部隊に積極的に関与している間に他者」を欺くことを意図している。

　欺瞞の分類は、欺瞞の方法や手段とは関係がないことが多いが、トリックの目的に関係している。国は戦略的な目標を達成するために非常に原始的な種類のトリック、または戦術的な結果を得るためによく練られた複雑な欺瞞工作を使用することができる。欺瞞工作を実施する際には、無知、傲慢、および恐れのすべてが、偽情報を検知する能力を複雑にするということを覚えておくことが最善である[12]。
　先入観と所定の思考によって、認知的不協和が引き起こされる。認知的不協和は、特に一般国民と政治指導層の間で、欺瞞プロセスの重要な部分である。重要な情報を無視することは、外界の先入観イメージとその意見

や理論に合わないため、認知的不協和につながる。また、カデルは静止の慣性の重要性も重視している。厳密に言えば、静止の慣性は事実が前提を否定したときに現実に適応することができないことである。カデルは次のように書いている。「静止の慣性により、前提が事象によって損なわれた後でも、特定の前提が有効であり続けると人々が信じる傾向を示している。物理学では、「静止の慣性」とは、静止物体が、外力によって作用を受けるまで静止している傾向を示している[13]」。

　要約すると、成功裏の欺瞞工作の核心は、影響力によって変えられる敵対者の感覚的認識および認知機能を利用することにある。カデルは彼の入門書に2つの用語を紹介した。ソビエトの欺瞞学派に基づいて、軍事的観点から見た偽情報とマスキロフカを次のとおり区別している。

　偽情報（dezinformatsia）：敵を混乱させ、信用を落とさせ、または当惑させることを意図した偽情報または欺く情報を配布すること[14]。この定義は、ソビエト連邦の元帥、グレチコ（Grechko）およびオガルコフ（Ogarkov）の業績によるものである[15]。

　マスキロフカ（maskirovka）：戦闘作戦と日々の部隊活動を確実にする手段。すなわち、部隊やさまざまな軍事装備のプレゼンスと配置、それらの状態、戦闘即応性と作戦、また指揮官の計画に関して敵を欺くように設計された複合手段。マスキロフカは、部隊の行動に対する奇襲の達成、戦闘即応性の維持、および装備の残存性の向上に貢献する。

ロシアのサイバー戦力

情報通信技術（ICT）の侵入により情報優越と、経験に対して提供される欺瞞工作の長い伝統を必要とする。

　ロシアのアプローチと米国のアプローチとの間では、サイバー戦力に対する認識が大きく異なる[16]。ロシアの学者と軍事専門家の間で共有されている見解は、サイバー戦は情報技術的側面だけではなく情報心理的側面も含むということである[17]。ロシアの学者や軍事専門家の理解は、ロシアが自国の戦略的権益を損なうことを目的としたコンテンツを通じて敵対的なサイバー環境で進行中の攻撃を経験しているということである。欧米とロシア連邦との間のサイバー戦力の理解の違いを把握することは、サイバー空間で行われている活動を分類するために不可欠である。これらの違いは、サイバー戦力自体の理解に基づいている。これは、結局、反対側の当事者が異なる道具箱や一連の活動を使用していることを示している。ロシアは、サイバー戦力と情報戦を総体的概念としてより広く理解している[18]。

　情報戦（informatsionnaya vojna）には、コンピューターネットワーク作戦、電子戦、心理作戦、および情報作戦（情報操作）が含まれるという点まで要約がなされている[19]。敵対的コードと敵対的コンテンツの間には区分があり[20]、2つの独特の手段は西側では1つの軍事作戦の一部としては必ずしもみなされていない。情報技術的作戦は、敵対的コードや敵対的コンテンツの配布者としての役割を果たし、シェレメット（Sheremet）少将が述べている組織または社会的集団全体の認識や道徳を攻撃するための情報心理的

作戦だけではなく、影響工作からインフラの物理的な損傷まで及んでいる[21]。

　その意図は、心理的な破壊だけではなくデジタル的な破壊を達成することである。たとえば、通信能力を破壊することを超えて、情報戦の軍事作戦を成功させるためのもう１つの重要な要素は、敵対的コンテンツと敵対的コードを使用して敵対者を混乱させ、権威を失墜させ、また信用を落とし、敵対者の士気を低下させることである。

　ロシアの情報戦に対する総合的アプローチには３つの起点がある。第一の起点は軍事技術革命、すなわち、軍事における情報技術革命である。冷戦二極時代には、どちらの超大国も情報技術の導入に関する課題に直面していた。しかし、その概念は、技術が進化するにつれて軍事革新をずっと推進している。現在、すなわち多極世界における軍隊は、新たな技術や概念を導入する課題を免れていないと言える。我々は技術の進歩を軍隊に適応させる最終段階にはまだまだ至っていない。この課題は、軍拡競争とほとんど同じである。すなわち、新たな技術を採用すること、または古い概念やツールを新たな現実に適応させることによって、相手に適応して克服することである。サイバー空間においては、特に情報作戦の領域で、新たなものの導入と古いものの適応の両方を経験している。デジタル時代に役立つようにアナログの概念を改良することは選択ではない（それは必要であると見られる）。

　マリー・C・フィッツジェラルド（Mary C. Fitzgerald）は、1997年に次のとおり正しく指摘した。

　　ロシア軍によると、新たな軍事における革命（RMA）における優越性は、C4ISRシステムにおける優越性から起こっている。すなわち、1）偵察、監視、および目標捕足（RSTA）システム、および2）「イ

ンテリジェント」指揮統制システムである。情報技術は現在「21世紀での最強兵器」と言われており、その効果は大量破壊兵器に匹敵する。確かに、それらは新たな第四のRMAの本質を構成している。したがって、ロシアの政治軍事指導部は、工業化時代の物質集約的なシステムから情報化時代のシステムへの劇的な移行を巧みに行っている。すなわち、弾道ミサイル、潜水艦、重爆撃機、戦車、および砲兵から高度なC4ISRおよび電子戦システムに転換している。戦争は確かに攻撃システムの決戦であることから情報システムの決戦であることに移行した[22]。

過去には、工業化時代の軍隊は大量徴兵で構成されていた。また、エーリヒ・ルーデンドルフ（Erich Ludendorff）によって作られた「総力戦」の概念[23]は、戦争の取り組みの枠組みであった。それは国家のすべてが戦争の取り組みに従属していることを意味した。今日、我々は現代技術に完全に依存しているので、意思決定の連鎖を通した情報の収集から分析に至るまでの全体的な指揮統制プロセスは、途切れのない情報の流れに基づいている。我々はいわゆる偵察攻撃複合施設を目のあたりにしている。膨大な量のデータを収集および分析し、これまでにないスピードで通信する能力を我々に提供するこの技術も、意思決定システムに固有の脆弱性を生み出した。

戦争は確かに攻撃システムの決戦であることから情報システムの決戦であることに移行した[24]。

今日では、情報攻撃を通じて偵察攻撃複合施設を打破することができる。この攻撃は非常に単純化することができる。技術と情報を配信するための通信チャネルのおかげで、真の意図、もっともらしい拒否能力、配信

プラットフォームおよび配信速度をあいまいにする方法がある（あなたは社会全体に影響を与えることができる）。

　国防総省総合評価局長アンドリュー・マーシャル（Andrew Marshall）が情報戦として新しく作り出した情報攻撃[25]は、敵対者の大規模な数と破壊からなる工業化時代の軍隊から意思決定における情報や認知的認識の依存への移行に大きくかかっている。このアプローチ、すなわち、偽情報の配布、または意思決定者の戦場に対する感覚認識の改竄は、新しいことではない。人間同士が戦っている限り、それは軍事戦略と作戦術の一部であった。新しい要因は今日の情報戦の活動の技術的基盤であり、それは1990年代前には技術的に理解できない効率と道具を相手に提供している。

　第二の起点は、積極工作（active measures）の概念である。この用語は、『ソビエトの影響活動、積極工作と宣伝に関する報告書、1987–1988年』（米国国務省報告書〔1989年〕）に記載されているいくつかの技法を含む。この報告書は次のとおりである[26]。

偽情報と偽造

　国民の世論または政府の見解を欺く意図的な試みである偽情報は、口頭および／または書面によるものである[27]。偽造文書は、米国の外交政策上の利益を毀損するような方法で個人、機関、または政策を信用しないようにする企てで頻繁に使用される[28]。

偽装団体と友好協会

　偽装団体は通常、世界平和のような望ましい目標を推進することに従事している非政府組織や非政治団体として自らを見せている[29]。

非合法な共産党と左派政党

　これらの政党との接触は通常公然であり、ソビエト連邦を代表して特定の政治行動または宣伝工作を実施するよう当事者を説得するために使用されることが多い[30]〔訳注：米国では1954年に「共産主義者取締法」

が制定され、「共産党は明瞭な現存する危険であるため共産党は非合法化される
べきものである」とされている]。

政治的影響工作

　影響力行使者は、自国の政府、政治、報道、ビジネス、労働、また
は学術において積極的な役割を果たしながら、自分のソビエト連邦国
家保安委員会（KGB）とのつながりを偽装する。彼らの目的は、それ
らの領域における彼らの影響力をソビエト連邦のための本当の政策利
益に変えることである。時々、ソビエト連邦は同様の結果を達成する
ために無意識の接触を使用する。

　積極工作は現代技術を通じて利用可能な選択肢に支えられて、デジタル
時代におけるその作戦上および戦略上の目的を果たすために適用された。
積極工作には幅広い活動が含まれるが、元の文脈でそれを理解するために
「何かを隠す」という用語はマスキロフカである。マスキロフカという単
語は英語での直接翻訳はないが、それはダミー、囮、示威操作の実行、偽
装、隠蔽、拒否、欺瞞、および偽情報の使用といった活動をカバーしてい
る。マスキロフカは、決してサイバー空間独自の新たな概念ではない。逆
に、それは何世紀にもわたって作戦術や情報活動のスパイ技術の一部で
あった（シーザー・ニコライ II 世〔Czar Nicholas II〕によって設立された軍事学校
で体系的に教えられた）。ロシア人にとって、マスキロフカは主に軍事活動へ
の技術の浸透レベルによって、情報戦の重要な要素である。[31]

　帰属の問題とあいまいな境界をもつサイバー領域は、情報作戦を実施す
るのに完璧な環境である。その特有の性質のために、サイバー空間は戦力
倍増器としてみなされる。戦略的な状況では、サイバー空間は中小規模の
団体、国家および非国家主体にこれまでに前例のない比較的増加した利点
を与える。距離、影響力の関与、露出のリスクおよび帰属特定により、規
模、地理的な場所、または従来の軍事的成熟度にかかわらず、サイバー空

間のすべての行為者にとって戦場を平準化する。

　どのような戦略家または軍事計画立案者にとっても、戦闘要員の関与なしに敵対者の遠方の部隊に対して迅速に行動する能力と、帰属特定と反撃のリスクにつながる露出を最小限に抑えることによって秘密裏に行動する能力は夢のようである。また、武力紛争の閾値に必ずしも到達することなく、国家重要インフラの混乱、拒否、破壊または転覆の手段として情報技術的作戦および情報心理的作戦を行う能力は、ほぼ無限の可能性と同等である。アナログ時代の物理領域に限定されていた積極工作は、サイバー空間で利用される「道具箱の適応」の自然な選択であった。

　サイバー空間の拡大は積極工作を大幅に拡大した。戦略的なマスキロフカの概念は非常に簡単である。それは我が敵の意思決定プロセスを操作して敵の戦略的行動を我の望みの方向に操作することを目的としている。この概念は、サイバー空間関連の活動を行う際のロシアの認知心理的インスピレーションの重要な起点の1つである。

　第三の起点は応用数学のサブ分野であるサイバネティックスである。「サイバー」と区別されるサイバネティックスは、厳密な数学と社会科学の領域を結び付ける分野である。サイバネティックスは、複雑系システムまたはシステム・オブ・システムズにおける意思決定プロセスの法則または性質を探求する。これは、スラブ語で「kybernetika」と言うサイバネティックスが技術的／デジタル的および認知的認識要素で構成されていることを示唆している。これは、我々が技術的手段によって提供されるコンテンツを前提としている今日のデジタル時代においても重要である。

　サイバー空間におけるこれら3つのロシアの作戦術の起点は、情報闘争と結び付いている。これは、米国または欧州を中心としたサイバー戦またはサイバー作戦に対する認識よりもはるかに広いものである。

　マスキロフカの概念がロシアの戦略思想の中でどれほど深く関わっているのか、またその歴史的ルーツがどれほど広大であるのかを描写するため

に、我々は歴史に飛び込む必要があ
る。軍の制服で描かれている皇帝ニコ
ライ二世は、読者が予想するよりもサ
イバー空間での情報作戦と関係があ
る。この皇帝の統治の間の1904年に
創設された、マスキロフカの高級学校
は今日使用されているフレームワーク
を提供した[32]。

ロシアの情報作戦に対するアプロー
チの基礎は、帝政支持者の秘密警察オ
クラナ（Czarist Secret Service Okhrana）
がアナキスト組織に対する欺瞞を行っ
ていた1860年代後半になると、より
深くなる[33]。この高級学校はマスキロフ
カ概念の基礎を提供して、またソビエ

シーザー・ニコライ II 世

ト時代の情報将校の将来世代のためにマニュアルを作成した。このマニュ
アルにより我々（西側）はロシア連邦との情報闘争における今日のための
教訓を引き出している。

米国と欧州の同盟国による情報作戦の範囲がいくらか限られていること
（戦争／武力紛争であるのか、あるいは情報機関によって平時に作戦を行っているのか
によって制限される）は別として、ロシアの戦略的思考では、情報脅威は永
久的であり、敵対的コードと敵対的コンテンツから構成されると認識され
ている。彼らにとって、危険は差し迫っており、またそのドクトリンは戦
時だけでなく平時の情報作戦の正規の役割を重視している[34]。

また、その違いは、実施された活動の範囲と分野にもある。ロシアの軍
事戦略家は3つの異なる分野の活動を行っている。第一に、サイバー空
間であろうと閉鎖環境であろうと、個人または組織の認識が定式化されて

いる情報領域である。この分野は、情報を収集し、他の個人や組織とやり取りするために我々が舵取りするところである。第二に、情報それ自体が我々の環境や状況について我々が作り出す認識を形作る。これが我々の感覚的認識にメッセージや意味を伝える内容である。第三の活動分野は情報インフラ内である。このインフラは、最初の2つの分野にデジタル表現を提供する技術的要素である。米欧を中心とした視点とロシアとの間の理解の不一致は、我々が主にインフラ防護を目指しているが、少なくとも平時は情報領域と情報自体を除外しているためである。「我々の」サイバー作戦がインフラだけを対象とした活動を含んでいる場合、ロシアの作戦術は前述した分野を完全に絡み合わせており、各分野を別々に扱うことは考えられない。

　また、「サイバー」という用語は、ロシアの文献では主に米国または中国の活動の説明として使用されているようである。ロシアの認識には、暗黙のうちに電子戦、心理作戦、戦略的コミュニケーション（戦略的情報発信)、および影響力を伴うサイバーが含まれている[35]。

　要約すると、情報工作の目的は、相手側に干渉し、この工作の開始者が生み出す現実の状況に基づき相手側に行動を起こさせるために意思決定プロセスを操作することである。インフラだけを攻撃しても望ましい結果が得られる可能性はほとんどない。しかし、情報領域内の敵対者を攻撃（情報自体を攻撃）し、目標（偽造を意識していない相手側を前提に現実の虚像を作成するという考え）を達成することは、あり得る結果である。これは情報優越の望ましい状態につながる可能性がある。ロシアの戦略家たちは、敵を無秩序にすることおよび情報優越を達成することに懸命に努力する。実際、彼らは前者が後者を生み出すと確信している。したがって、サイバー空間で情報優越を実現するには、敵を無秩序にする必要がある。敵対者に対する欺瞞を達成するために使用されるツールは、マスキロフカの道具箱から反射統制の概念まである。

反射統制——存在理由

　1950 年代および 1960 年代において、米国はあらゆる経済指標でソビエト連邦を上回った[36]。また、2 つのブロックは軍事力による世界的な政治的優勢も争っていたので、通常兵器と核兵器は最も重要な役割を果たした。

　ソビエト連邦は結局自国が技術開発を均衡させるのに苦労していることに気付いた。このソビエトの技術的欠陥に関するそのような指標の 1 つは、ソビエト連邦国家保安委員会（KGB）第一総局内での T 局（科学技術諜報）の創設であり[37]、そこでは特定の部門が西側の技術を密かに取得または窃取するために整備された。ソビエトのロシアで産業複合体は、軍拡競争だけではなく、民間の産業複合体でも西側に追いつくための要件を満たすのに苦労していた。

　ソビエトが米国の技術開発のペースと高度技術的な通常戦における軍事的優越性[38]を認識していたため、ハードパワーに対する代替手段の調査と研究が行われた。1950 年代後半、物理的および社会的な規制制度がソビエトの科学者の関心を引いた。物理的な規制制度に関する研究の間、マスキロフカまたはスパイ技術全般の知識は、イデオロギー的性質に気付かずに構築され[39]、本質的に数学に基づいていたが、社会科学、心理学およびコミュニケーション理論においても牙城であるという理論の形成につながった。心理戦、情報戦および情報作戦よりはるかに優れた、反射統制（reflexive control）は、戦略、作戦および戦術レベルに対する直接的または間接的な影響をはるかに超えて、上述の概念に関するほぼ統一的な概念で

ある。

　反射統制に関する研究は、ソビエト国防省の第一コンピューターセンターでの軍用サイバネティックスの以前の研究（軍用部隊01168）と結び付けられた[40]。この研究目的は、コンピューター化とデジタル化に基づく軍事的意思決定の最適化のための方法の開発であった。

　しかし、反射統制は万能薬ではない。反射統制を実行するには、意思決定アルゴリズムに影響を与えるためのそれらと一緒のハードパワー能力、偽情報、操作、およびツールが必要である。戦術レベルで反射統制を適用することで、敵対者は紛争地域、部隊、戦闘状態および可用性についての情報を使用して、推進方法と実行計画について意思決定する。反射統制を正しく使用することで、当事者はこの意思決定メカニズムを破壊し、事前に考案した敵対者が従う一連のステップを通して敵対者の知識なしに敵対者の行動を統制することで結果を統制する。実際には、敵対者は現場の事実と違っていることを認識することができない。

　反射統制は、今日のロシアによって適用されるにつれて、合理的に競争力を発揮し、現代戦の戦略の重要な要素を構成している[41]。西側において反射統制が非常に効果的な理由の１つは、重要な要素である意思決定者のための費用で、弱点のないプロセスと技術の進歩に焦点を合わせ過ぎていることである。意思決定者が影響を受けやすい場合、すべてのプロセスと技術的進歩は無駄になる。目標は、紛争が通常兵器または核兵器の間にはないという事実を活用することによって技術的格差を平準化することである。すなわち、紛争は意思決定組織と、アセットを自由に使えるようにする能力と意思の間にあるということである。政治的意思を決定し、利用し、変更する能力または命令を実行する能力を除去すると、軍の兵器庫は役に立たない。したがって、ソビエトの戦略家たちは、米国の優越性を相殺するための間接的アプローチの重要性を研究していた。

反射統制の理論モデル

　反射統制とは、意思決定システムをモデル化し、それらを理解して最終的にそれらを破壊することである。その主な目的は、欺瞞者としての当事者にとって有利な決定をするように敵対者に影響を及ぼすことである。

　作戦中の軍の意思決定と指揮統制は、部隊に関する情報資料、戦闘能力、資源、および交戦規定と国際人道法によって組み立てられた単なる「費用対効果」分析に基づいている。しかし、当事者が情報のチャネルに影響を及ぼし、当事者に有利な方法で情報の流れとコンテンツ自体を変更するメッセージを送信した場合、敵対者はそれに気付かずに当事者にとって有利な方法で自分の活動を行うであろう。

　ここでの対立は軍事力、または政治力と国際交渉との間にはない。それは意思決定プロセスの間にある。また、精神的能力の限界も役割を果たす。今日の世界の複雑さは、準備ができているすべての情報を処理し、それについて適切に状況を説明する能力をはるかに超えている。個人（意思決定者）は、代わりに単純化された現実のモデルを作成してからこのモデルを使用する。その結果、個人はこのモデルの限界に対処する。[42]

**　反射統制の創設者によれば、紛争を2つの軍事力の間の相互作用とみなすのではなく、紛争は2つの対立する主体の意思決定プロセスの間にあると考えるべきだということである。[43]**

　反射統制の発明者であるウラジミール・ルフェーブル（Vladimir Lefebvre）

は、次の３つのサブシステムからなるモデル化システムを作成した。[44] すなわち、当事者の意思決定をシミュレートするモデル、もう一方の敵対者の意思決定モデル、および実際の意思決定を行うモデルである。[45] ソビエト連邦が意思決定プロセスに入り、意思決定がどのように自然に行われ影響を受けるのかに関する手順と方法を理解することができれば、ソビエト連邦に有利に敵対者に所定の選択をさせることにつながる可能性がある情報資料と条件を提供するということもあり得るとルフェーブルは判断した。[46] 意思決定アルゴリズムに影響を与えるというこの理論の可能性を想像されたい。

かつては、スパイ活動、偽情報、NGO、および政治的影響力の買収のような従来の手段が欺瞞の道具であった。マスキロフカを特定の媒体で大衆に伝達するための限られた配布方法と限られた経路のために、この理論は実際にその完全な可能性に決して届かなかった。今日、我々には、即座にコミュニケーションをとり、直接社会集団に働きかけ、また苦情を利用して活動を注意深く調整するという固有の能力を備えたサイバー空間（また情報ハイウェイとして機能するサイバー空間）がある。サイバー空間はマスキロフカの原則を用いることをいとわない人々のための贈り物であり、準備ができていない人々には地獄である。意思決定者だけではなく社会の認識を変えることは、決して容易なことではなかった。

反射統制とは、あらかじめ巧妙に作られた情報を敵対者に伝えて当事者が望むあらかじめ決められた意思決定を敵対者に自発的にさせることである。[47] これは第二次世界大戦中の同盟国にとっても役に立った古い概念である。[48] しかし、その違いは戦時／平時の使用だけでなく、使用される道具箱や活動にある。計略を作成するために情報を植え付けることは困難な作業である。しかし、反射統制は、戦略上、作戦上および戦術上の目的のために意図されていて、当事者に有利なように意思決定システムの動きを変更するために長期間にわたって維持された継続工作に民と軍のアセットが使

用される。軍事目標を達成し、敵対者の焦点をそらすことは情報を植え付けることではない。反射統制は、この意思決定システム自体だけを弱体化させ、それを計画者に有利にし、ひいては重要な軍事的または政治的資源を危うくすることなく、あるいは主権国の内政干渉に関する認められた閾値を満たすこともなく戦力投射をするのに役立つ。

『軍事計画立案における反射統制』[49]の中でリード（Reid）は、軍事的意思決定に必要な認識の創造に重要な要素を提示した。それらの要素は次のとおりである。

1. 我の戦力の大きさと特徴
2. 敵対者の戦力の大きさと特徴
3. 紛争が発生する物理的環境
4. 双方による行動の履歴
5. 出来事の現在の進展
6. 敵対者の目的と制約[50]

最初の3つの要素は状況認識の範囲において不可欠である。現実の認識の歪みは、感覚知覚力を攻撃することによって行われる。あとの3つの要素は、敵対者の分析と知識に基づいている。

一般的に、反射統制を実行する方法の1つは、感覚認識を操作することである。すなわち、当事者がどのように情報を処理して、現実の異なる認識につながるのか。また、実際の戦略的目的を明らかにし、分析し、また妨害することができないように、真の意図を敵対者から隠すことも重要である。

反射統制を実行するための4つの一般的な前提条件がある。

1. 感覚認識の操作

マルクス・レーニン主義のパラダイムの産物としての反射統制。[51,52]意思決

定者の認識（外界の認識）は物質的世界の反映に基づいている。意思決定能力は、外界を分析するための知能の能力にある。しかし、知能は世界の感覚認識に依存している。したがって、意識の内容と次元は、我々が見ることと聞くことによって決定され、それが我々の反応と行動を決める[53]。

2. 敵対者に真の意図を隠す

実際の計画に関して敵対者を暗闇の中に置くことは、敵対者の感覚認識を容易に操作することにつながる（それゆえ敵対者の意思決定プロセスのより厳格な統制）。人間の心はそれが集中している任務に利用可能なすべてを処理する。意思決定アルゴリズムを汚染されないようにするには、実際の意図を隠すことが重要である。意思決定者は、入手可能なすべての情報に基づいて独自に意思決定をしたという感覚を持っている必要がある。そうしないと、その後の望ましい活動を追求しない可能性がある。

3. 敵対者の情報資源に影響を与える[54]

組織の情報資源、または組織の意思決定複合体は、オブジェクト（対象）の機能化および全般指揮統制に不可欠である。これらは、意思決定のために情報を利用するのに必要なセンサー、チャネル、およびメモリーである。それらはコミュニケーションツールとして、情報の保存および情報の管理のために役立つ。

情報資源のリストはティモシー・トーマス（Timothy Thomas）によって次のようにうまく説明されている。

・情報を入手、伝達、収集、蓄積、処理、保存および活用するための方法または技術を含む情報および情報の送信者[55]。
・情報センター、情報処理の自動化の手段、通信交換およびデータ転送ネットワークを含むインフラ[56]。
・情報を管理するためのプログラミングおよび数学的手段[57]。
・情報化（informatizatsiaya）の手段を提供する人員だけではなく、情報プロセスを管理する行政機関および組織体、科学者自身、データおよ

び知識ベースの作成者[58,59]。

　情報資源の定義を注意深く見ると、これらの情報資源は反射統制の概念化の時代（情報が依然として紙に保存されていた世界）に定義されたものであることを理解することが必須である。コミュニケーションの近代化はその誕生段階にあり、また我々が今日目撃しているサイバー空間および情報技術への完全な依存をだれも予測することはできず、情報資源、既存の規制制度および意思決定複合体は、その時点で存在していた技術に基づいて定義され、対象にされた。しかし、デジタル化の流入とほぼ革命的なペースで、これらの情報資源の概念は重要性を増し、我々の社会、すなわち統治と指揮統制にとってきわめて重要なものとなった。マスキロフカの活動は敵対的コードと敵対的コンテンツを利用している。反射統制の枠組みの中で組織化された敵対的コードおよび敵対的コンテンツの活動の適切な利用は、敵対者を弱体化させる効果をもたらすものである。それは敵対者が一般に敵対的な行動に対応することが不可能になることにつながる。これは、意思決定プロセスの重点を変えた優先順位と結果によって達成されるであろう。

4. フィルタ（データ処理装置）と感覚認識（外界の状況図）の改竄の組み合わせ

　コミュニケーションのモデルは、フィルタと感覚認識の改竄の手段を最もよく表現している。反射統制を理解するためには、我々はメッセージや情報を送信し処理する方法を調べる必要がある。

　非常に基本的な「メッセージ影響モデル」でも、感覚認識とデータ処理装置自体（意思志決定者またはコンピューター）を改竄することができる少なくとも4つの入口を提供する。

　このモデルは「送信者指向」であり、メッセージが正しく送信された場合、意図した受信者／視聴者に到達するという前提に基づいている。このモデルには、外界からの影響を与える手段はない。しかし、適切に使用された場合に、反射統制のツールを示すためにモデルに番号が追加され

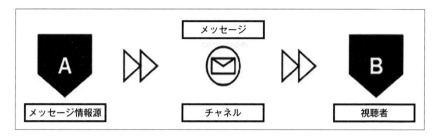

メッセージ影響モデル

て、メッセージ情報源に対する視聴者の認識が改竄される可能性のあるベクター（侵入方法）を示唆する。したがって、メッセージは配布のために変更されるか、まったく異なるメッセージに置き換えられる可能性がある。さらに、チャネル（通信路）の効率的な干渉により信号を妨害することによって、または合法的なチャネルに置き換えるために異なるチャネルを作成することによって、チャネルを改竄することができる。最後に、感情的、言語的および心理的手段を使って情報資料やメッセージを個別に作り上げることで、当事者の好みに応じて単に感情的に反応させるようにしたり、反応を少なくさせたりすることで視聴者の認識を変えることができる。特定の社会的集団は、厳密なコンテンツではなく図形画像のような調整された形式の情報資料に敏感である。一方、厳密なコンテンツは、感情的苦痛を引き起こし、確認や認知バイアスを助長する。

　認識バイアスは、環境に対する個人的および社会的認識ならびに認識自体のプロセスに基づいて作り出される。バイアスは認識の正確さを制限する。精神的または感情的な要因は、認知バイアスの基盤を構成しない。すなわち、それらは心の働き方から生じる[60]。バイアスは、我々の心の中では、現実を記録するのではなく構成するという事実に基づいている。これは、我々の現実認識の構築における主要なデータ入力である、いわゆる感覚認識に依存している（欺瞞と情報〔インテリジェンス〕に関するバイアス

とそれらの重要性についての詳細は、リチャード・J・ホイヤー・ジュニア〔Richards J. Heuer, Jr〕の業績である『欺瞞と対欺瞞における認知的要因』〔*Cognitive Factors in Deception and Counter deception*〕がよい入門書である)。

適切な方法でメッセージを視聴者に送信した場合、意図した意味でそれが公平に受信されるということは誤った前提である。このことは以下のとおり過去に偽情報が作成される際に考慮されていた。「過酷な状況における戦略的コミュニケーション」(Strategic Communication on a Rugged Landscape) と題された研究によれば[61]、何度も送信されたメッセージは受信されたメッセージではなく、その受信と理解については背景の考え方と認識によって濃密に状況の説明がされていた。基本的な「送信者指向」モデルを採用し、それを敵対的コードおよび敵対的コンテンツの環境に置くことで、送信者と視聴者間の情報伝達が歪んでいると簡単に認識できる多くの入口が提供される。歪みは、認識バイアス、受容、修正、または拒否といった情報処理の基本的な特性を追加することによって達成される。

反射統制について書いているある専門家は、「敵対者は自分の意思決定をする際に、紛争地域、敵の部隊と我の部隊、両者の戦闘能力などについての情報資料を使用している」ことを示している[62]。情報のチャネルに影響を及ぼし、敵対者に対して望ましい方法で情報の流れを変えるメッセージを送り、敵対者に状況を統制させることが可能であるとこの専門家は主張している。

大規模な社会的、政治的および軍事的レベルで反射統制を使用して、これまでには想像もできなかった規模でこれを行うための、より良い環境は、サイバー空間以外にあるだろうか。意思決定プロセスは利用可能な情報資料に依存するものである。より良い意思決定をすることは、人類が情報を収集する理由の1つである。これは情報機関が自由に入手できない情報資料の収集と分析に努めている理由である。意思決定を改善するために、膨大な金額と努力が人類の歴史を通して情報を獲得するために投資さ

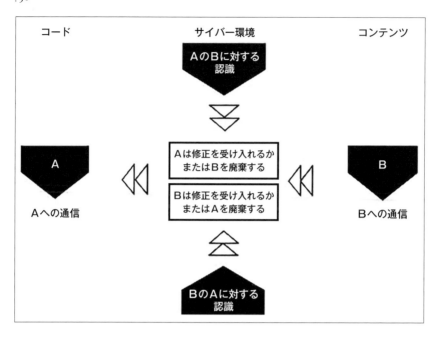

れてきたし、現在もそうである。データや情報資料によってシームレスに誘導する能力、改竄されることなく伝送する能力、および実世界を正確に分析して理解する能力を歪めることは、欠陥のある意思決定および無力化された指揮統制につながる。

　ソビエト軍の思想学校は、敵対者の目標に影響を与える次に示す3つの異なる方法を提供している。

1. 目標は達成不可能という敵対者の認識を引き起こす力を見せること。

2. 可能性のあるすべての一連の出来事に対して許容できる結果をもたらすどのような目的も敵対者が特定することができない、当事者の目標についてのかなりのあいまいさと不確実性を敵対者に提供すること。

3. 脅威に対抗することにより敵対者の目標を支配するような大きさの
   脅威を示すこと。

　敵対者を深く理解することは、反射統制を成功させることにつながる。
それは重要である認知的性質だけではなく、分析プロセス、世界に対する
認識、および現実を理解するのに役立つ概念である。行動を特定するこれ
らの要素はフィルタと呼ばれる。フィルタは集合と呼ばれる入力の和であ
る[63]。この集合は敵対者を特定する（敵がある状況でどのように行動するか、敵
がどのように相互作用するか、また意思決定をするとき敵の思考過程が何であるか）。
したがって、反射部分は、集合またはフィルタおよびそれに続く活用の研
究である。要するに、最も弱いリンクを見つけることである。情報資料の
収集、処理および分析のデジタル化に伴い、実際に研究し活用するための
2つのフィルタがある。これらのフィルタは個人とコンピューター化され
た情報プロセスである[64]。反射統制の実施において、主要な任務は相手に動
機と理由を伝えることである。動機や意図を伝達することによって、統制
機関の影響下にある目標システムは行動をとり、独立して意思決定する。
反射には、敵による推論の分析と模倣、および目標としては好ましくない
意思決定につながる可能行動の模倣が含まれる[65]。

　本質的に反射統制とは、道徳的価値観、心理状態、あるいは意思決定者
の性格にも意図的な影響を与える情報を敵対者に与えることを目的とし
た、長期的な影響工作である。心理学的研究は、情報資料が真実であるか
虚偽であるかにかかわらず、情報資料に持続的にさらされると、情報資料
が真実であるとの認識を生み出す傾向があることを示しているので、この
影響工作の寿命は重要である[66]。情報資料が誤っていることを証明する証拠
が存在する場合でも、このことは本当である。したがって、誤った情報の
正体を暴き、提供されたデータを一貫性のないものとして間違いであるこ
とを証明し見せかけの前提条件に導くことは、偽情報影響工作に対抗する
のに効果的ではない。また、偽情報であるにもかかわらずデータが信頼で

きると見られるほど、また敵対者の認知バイアスを引き付けるように調整されているほど、より効果的である。

欺瞞の前提条件[67]

　欺瞞の方程式には、被害者と欺瞞者の２人の主役がいる。追跡する目標を選択することとは別に、欺瞞者はどのような認識を強化するか、何を慎重に抑えるべきか、どの通信チャネルを使用するべきか、また無意識の工作員の欺瞞方法を使用するかどうかを選択する必要がある。

前提条件A
欺瞞目標を設定する

　文民の世界では、欺瞞目標を設定することは競争優位を得るために使用されるであろう。軍事の世界では、欺瞞は生存と戦略的な奇襲に関連している[68]。潜在的には非常に広いが、欺瞞の前提条件としてだけではなく目標それ自体としても正常に機能するいくつかの目標は、次のとおりである。すなわち、結束を標的とすること、不信と不満を拡大すること、国益を低下させること、制度と当局に対する信頼の欠如を高めること、自由秩序への攻撃、選挙プロセスを損なうこと、指揮統制を無力化すること、国際社会における組織を弱体化すること、および自己利益に反して行動することである。

前提条件B
欺瞞の計画立案

　どのような欺瞞も効果的であるためには、厳密な計画立案が必須である。欺瞞は、敵対者に事前に計画された行動を喚起することを目的として

いる。すなわち、悪用されるべき認識、認知バイアス、騙されるべきセンサー、および影響を受けるべきチャネルである。これはすべて、所望の行動を達成するための欺瞞の計画立案にある。パナギオティス（Panagiotis）によって次のように定義されている。[69]

　　情報フレームワークでは、目標に必要な行動を特定し、これらの行動をとるように目標を誘導する認識を決定し、また目標をこれらの認識につなげる欺瞞物語を作成することは、目標である意思決定者だけではなく軍事・情報分析官に与える知識の情報への変換を表している。

前提条件C
欺瞞の方法
　第三段階は欺瞞の方法である。1つの方法だけを使用しても、欺瞞を達成することはほとんどない。方法間の重複により厳密な計画を必要とする。積極的な欺瞞には、デコイ、積極的な情報の拡散、および模倣または虚偽の表示が必要である。受動的な欺瞞とは、遮蔽、隠蔽、および拒否である。方法は、利用可能なまたは選択されたチャネルによって制限または特定されることが多い。電子戦、情報作戦、あるいはコンピューターネットワーク作戦といった一部の方法も特定のチャネルである。
　方法とチャネルは、欺瞞する組織に中継するための情報のパラメータを規定する。チャネルはこの方法と意図に基づいて異なるが、欺瞞者の能力にも基づいている。歴史的に証明されたチャネルの中には、政治家、外交官、情報官、亡命者、メディア、チラシ、および現代のマスメディアがある。欺瞞の対象に送信された情報は、送信者から受信者への途中で改竄される可能性がある。チャネルは複数のポイントで意図的または非意図な改竄を受ける可能性があるため、歪んだ情報の伝達の失敗ではなく、欺瞞を

達成するための品質と量を確保するために、欺瞞者はできるだけ多くのチャネルを制御することが不可欠である。チャネルを制御する1つの方法はそれらを作成することである。欺瞞者の代理人として活動しているオンラインメディアは、その好例である。通信ネットワークを制御することでまた、情報の転送に対するある程度の監視も確保される。デジタル化により、さまざまな情報源またはチャネルの数に関して新たな可能性が広がる。欺瞞方法に影響を与えるもう1つの要因は、サイバー空間における消費者の行動や政治的見方に基づいて、完全に調整された情報を個人に提供する能力である。さらなる要因は、偽造品に対する機能強化された適用である。この機能強化は、地図、公式文書、および写真を偽造するための画像およびテキストプロセッサの使用だけではなく、「ディープフェイク」を可能にする人工知能の出現でもある。

前提条件D
実行での結束

戦略、作戦、および戦術レベルにわたる一貫性が不可欠である。欺瞞の実行は、その現場における戦術レベルの部隊に至るまで、すべての方法の統制下にある作戦または欺瞞活動を行っている政策立案者および計画立案者の手中にある。

前提条件E
欺瞞の信頼性

敵対者に提供される情報は信頼できるものでなければならず、あるいは少なくとも意図した目的を達成する目的を持っている必要がある。敵対者について知っているほど、欺瞞行為を信頼できるものにすることはより良い立場に立つことになる。歪んだデータでも根本的な動機を持たなければならない。そうでなければ、データは却下され、欺瞞は疑われるようになる。

前提条件F
技術

　欺瞞のための技術は多かれ少なかれ有用な手段として何百年もの間存在している。しかし、サイバー空間、情報空間、デジタル化、センサーへの依存、計算能力、情報を保存するためのデータベース、情報を処理し分析するためのプロセッサ、すなわち技術は、欺瞞において以前よりも重要である。このレベルの製造および改造の可能性は、欺瞞の選択肢にブレークスルーをもたらす。新たな欺瞞方法の導入、ならびに古いものの調整および再目的化により、欺瞞者は外科手術のような正確な精度で個人または社会的集団のいずれかを攻撃目標にすることができる。

反射統制および欺瞞

　前章では、欺瞞を実行するためのいくつかの前提条件を紹介した。本章では、使用中の反射統制の例を紹介する。軍事思想家のタラカノフ（Tarakanov）、コロチェンコ（Korotchenko）[70]、コモフ（Komov）[71]、およびイオノフ（Ionov）[72]は、クリフォード・リード（Clifford Reid）による軍事計画における反射統制の研究と同様に例を提供している[73]。

1. 状況図の送信
　状況図［訳注：当事者の望ましい状況の認識］の送信とは、敵対者に欺瞞者の選択する状況図または認識を提供することである。それは通常、現実を歪めたり、誤った情報資料を提供したり、知覚認識を攻撃したりすることによって行われる。信頼できる情報源から不完全な情報資料を単に配信することから、収集、処理および分析アルゴリズムに影響を及ぼすことまで、さまざまな方法で状況図を送信する。

2. 敵対者に対する目標の作成
　これは、敵対者に影響を与えることによって、すなわち、被欺瞞者に対する偽目標を作成した情報資料を提供することによって行われる可能性がある。その結果、敵対者は欺瞞者が有利な立場で目標を追跡することになるであろう。

3.意思決定の送信

　この方法の重要な構成要素は、欺瞞者と被欺瞞者の間の信頼である。以前の行動パターンと事前の対戦は、この方法を実行するためのカギである。

4. 状況図を送信することによる目標の形成

　現実についての欠陥のある見方に基づいて目標を追跡するように敵対者を誘い込む状況図を提供することによって、この送信は達成される。

5. 当事者自身の状況認識図の送信

　この送信は、敵対者を当事者の現実についての認識の欠陥のある見積もりにつなげ、最終的には状況に対する当事者の影響についての敵対者の見方を変えようとする、表面的には正当な情報（インテリジェンス）または情報資料を漏洩することによって達成される。

6. 当事者自身の目標図の送信

　敵対者に陽動目標を提供すると、たとえば防御力の低下、状況の考え方や認識の変化、または敵対者にとって好ましくない方向へのエスカレーションにつながる。

7. 当事者自身のドクトリン図の送信

　被欺瞞者が虚偽の弱点を利用しようとするように誘導するためのプロセス、意思決定パターンおよび優先順位に関する偽状況図を投射すること。この方法は、偽手順と軍事即応性を展示する軍事演習と密接に関係している。

サイバー戦力および情報脅威に関する
ロシアのドクトリン的考え方

　戦略的およびドクトリン的文書における情報作戦および情報領域の役割
に関する公式宣言は、ロシアの指導者たちが信じているものが自国の安全
保障上の課題および優先事項であるとの洞察を与える。重要なのは、それ
によりロシア政府は他国に情報セキュリティ[74]とサイバー空間の問題に対す
る姿勢をどのように理解させたいのかを説明することである。

　ロシアの戦略的姿勢とロシアの軍事思想の位置付けを結び付けるため
に、一般的に反射統制と情報作戦について語っている軍の高官の例を以下
に示す。

　ティモシー・トーマス（Timothy Thomas）[75]が述べたように、ロシア連邦の
参謀本部軍事アカデミーの講師であるN・I・トゥルコ（Nikolay Ivanovich
Turko）少将は、次のように反射統制の重要性を考えている。

　　　反射統制は、従来の火力よりも軍事目的を達成する上でより重要な
　　情報兵器である。そして、反射統制は地政学的優越性を達成するため
　　の方法と見なしている。[76]

　ドクトリン政策の形成と将来のロシア連邦の軍事指導者たちの教育に直
接関与している少将にこのアプローチをとらせることにより、情報兵器と
しての反射統制の重要な役割を強調している。ロシアの情報戦の概念にお
ける反射統制の中心的役割、および地政学的均衡を不安定にするための情
報資源に対する反射統制の潜在的な使用の承認は、情報兵器としてだけで

はなく、我々がそれを知っているようにサイバー空間における作戦の中心概念としてのその重要性を意味する。1996 年 12 月 23 日に陸軍大将のロシア連邦参謀総長ヴィクトル・ニコラエヴィッチ・サムソノフ（Viktor Nikolaevich Samsonov）が次のように述べた。[77]

> 高精密兵器や非軍事的な影響力の手段との組み合わせによる情報戦システムの高い有効性により、国家行政制度を無秩序にし、戦略的な軍事施設を攻撃し、また国民の精神性と道徳的精神に影響を与えることを可能にする。言い換えれば、これらの手段を使用することの効果は、大量破壊兵器の効果から生じる損害と同等である。

この声明は、ロシア参謀本部の最高指導部の戦略軍事思想における情報戦の非常に重要な位置付けを直接支持している。また、それは情報戦や影響力の手段がロシア連邦にとって脅威を及ぼすという、本章で提示されている文書にも関連している。ロシアは、情報通信技術を含む現代社会における情報戦の可能性と力には警戒し、自分自身に対して使用される情報領域における情報戦の手段を持つことにより、潜在的な危険性としてだけでなく直接的な脅威としても情報戦を認識している。

本書は、イオノフ（Ionov）[78]、コモフ（Komov）[79]、ゲラシモフ（Gerasimov）[80]といった軍事戦略と情報作戦における何人かの思想家の重要性についての姿勢と認識を示している。彼らの研究はロシアの軍事思想における情報技術的および情報知的活動の役割を十分に表現しているかもしれないが、公式文書を分析することはロシアの安全保障および国防態勢を理解するために適切である。これらの文書は、国家安全保障、情報の脅威に関連する軍事戦略や国防、情報安全保障およびそれらの戦略上やドクトリン上のレベルの関連を扱っている。国家安全保障の観点から、いくつかの文書は言及する価値がある。これらの文書は、2000 年からの『ロシア連邦の情報

安全保障ドクトリン⁸¹』、2016 年に採択された『ロシア連邦の情報安全保障のドクトリン⁸²』、および 2015 年からの『ロシア連邦国家安全保障戦略⁸³』である。

次の文書は軍事ドクトリンの見解を表している。すなわち、『ロシア連邦の軍事ドクトリン』(2010 年⁸⁴)、『情報空間におけるロシア連邦軍の活動に関する概念見解』(2010 年⁸⁵)、『科学の価値は先見性にある:新たな課題は戦闘作戦を実施する形態と方法を再考することを必要とする』(2013 年⁸⁶)および 2015 年に採択された『ロシア連邦の軍事ドクトリン』である⁸⁷。

これらの文書内の脅威認識、およびそれらが提示する目的を調べる趣旨は、過去に導入および適用されたツールを一緒に結び付け、情報領域の安全化、情報自体およびデータの処理が今日の戦略的文書にとって非常に重要であるということを読者に示すことである。ロシアは戦略的な考え方を変えたことがないため、西側が国内外の情報優越のために懸命に努力することになっても、ロシアの活動に驚かされるべきではない。それは、歴史的根拠の深い制定された政策や戦略の再強化に過ぎない。情報作戦に対する認識と役割は、ロシアの軍事および国家安全保障の戦略的思考に含まれている。

以下に分析された文書は、情報戦の利用のいくつかの悪名高い例に対する戦略的背景を提供するための国家安全保障と国防態勢を提示する。

これらの文書を直接抜粋して本章を構成しているので、読者はさらなる研究をする代わりに、正確な状態の表記を手元に持つことができる。抜粋に関する著者のコメントは直接本文にある。

❖ ロシア連邦の情報安全保障ドクトリン (2000年)

本文書は、2000 年から 2016 年の時点で有効であり、読者に対して、

明確に定義された脅威、一連の目的および研究のための目的／目標にまとめられた推進分野を提供するものであった。読者は、ロシア連邦の国家安全保障組織に従って、脅威のリストから情報領域、情報作戦、影響力、インフラの変化と展望を推定することができる。

脅威

> 「……情報領域におけるロシア連邦の権益に向けられた、外国の政治、経済、軍事、諜報および情報組織の活動」

これは脅威の包括的な概念化である。それは悪意のあるコンテンツや不正コードベースの脅威に直接対処するものである。外国のメディア組織は、外国のメディア表現媒体（情報領域で活動している非政府組織）で構成されているかもしれず、今日それらはほとんどそうである。政策指示文書で定義されているロシア連邦の権益がロシアの伝統的な道徳的および精神的価値と同じくらい広いことを考えると[88]、脅威の認識および脅威が知覚される領域、すなわち情報領域は、潜在的な迫害に対するドクトリンに基づく枠組みを構成する。

> 「世界の情報空間における多数の国々の優勢に向けた奮闘やロシアの権益の侵害ならびに国内外の情報市場からのロシアの追い出し」

他国による優勢および権益侵害の脅威は、政治的および軍事的な分野において戦略上、作戦上、さらには戦術上の目標を達成するための固有の情報優越が述べられている重要性の方向性を示している。この脅威は脅威認識の防御的な性質を示しているが、世界の情報空間における情報優勢の手段はロシア政府に関連する代理者によって攻勢的に使用されている[89]。他の

観点から見ると、米国政府の連邦政府機関で使用されているカスペルスキー（Kaspersky）のアンチウイルスプログラムに対する米国の姿勢[90]、または ZTE［訳注：中国の半国営の通信関連企業］に対する米国のアプローチのような事例では、国民国家はデジタル保護主義を使用する[91]。他の文書で述べたように、ロシアは情報通信技術（ICT）への依存を脅威と捉え、情報通信（ハードウェアとソフトウェア）の独立性を戦略的目標と捉えている。彼らにとっての戦略的自律性は、ロシアのインフラに組み込まれた外国製造のコード化されたツールを持たないことを意味する。

> *「主要な世界大国の技術的優位性の増大とロシアの競争力のある情報技術の創設を妨げる能力の強化」*

ソ連の思想家たちが米国とソ連の間の技術的不均衡を平準化するために意思決定向けの情報戦の概念を考案し始めたとき、先進国に匹敵する技術的優位性を持つ能力を失うという脅威は過去に関連している。また、あたかもロシアが本物の競争力のある情報技術を生み出すことができないのは外国の影響力によるものであるかのように、脅威は防御的な口調で提示されている。それどころか、ロシアの自然科学、教育機関、数学および物理学の学派は世界中で最高レベルであり、尊敬されているので、この問題は技術や解決策の質ではないかもしれない。

> *「世界の他の国々の情報領域への危険な攻撃手段を生み出し、他国の情報通信システムの正常な機能を妨害し、それらの情報資源のセキュリティを侵害し、それらへの不正アクセスを獲得するための手段を提供する多数の国家による情報戦概念の開発」*

これは、情報へのアクセスやコンピューターネットワーク作戦の実施と

いった、他国による明白で共有されている脅威認識とは別に、ロシアがサイバー空間をどのように認識しているかについて3つの層を述べた重要な声明である。このドクトリンでの情報領域、インフラ、および情報資源への分割は、米欧の支持者によるインフラ中心のサイバー空間に対する認識が不十分であることを示している。以下の他のいくつかの脅威に関連した記述は、ロシアを基盤としたモデルと、それに対する米欧のインフラ中心の理解との間のサイバー空間に対する異なる認識について直接言及している。

> 「市民社会制度の未成熟、およびロシアの情報市場の発展に対する不十分な国家統制」

　市民社会のまさにその構造および自由な情報の流れ、すなわち自由な言論の権利および与党にとって不利となる可能性のある考えの共有について、ここで取り上げる。ドクトリンにおけるこの脅威の理解は、市民社会を情報資源として評価し、国民の認識を形作ることができるため、情報領域におけるコンテンツ指向の規制および統制を意味する。

> 「情報領域で実現されている憲法上の権利および国民の自由の侵害」

　ここで脅威を構成するものについての認識が広がっている。しかし、クリミアの併合に関するロシアの体制の一部の主張によれば、このようなイデオロギーは、物理領域ではないにしても、情報領域で情報作戦を開始するための口実として役立つかもしれない。[92]

> 「さまざまな政治的勢力が自分たちの考えの主張にメディアを利用する権利の分野での利害関係に対する不十分な法的ガバナンス」

これは、情報領域で利用可能なコンテンツに基づく脅威認識である。この言葉は、法的枠組みが国内外を問わず、さまざまな政治的勢力の能力を統制して、彼らの考えや好みを操作すべきであるということを示唆している。基本的に、このことは国家が情報領域において政治的議題を推進する条件を決定する力を与えることになるであろう。

　　「ロシア連邦の政策、国家当局の連邦機関の活動および国内外で発生した出来事に関する偽情報の拡散」

　ここで、脅威認識は明らかである。情報資源、国民、意思決定者、およびロシア連邦とその権益にとって好ましくない情報を持つ社会集団への影響は、説明した情報優勢（Information Dominance）や情報優越 (Information Superiority) の概念に基づいている。「信じられるべき現実の反射」を通して情報優越を達成する人はだれでも、他の組織の実際の現実ならびに出来事や行動にかなりの影響を与える。〔訳注：情報優勢とは、米国海軍の定義によると、「敵対者の意志にかかわらず、当事者が望む情報の現実の状況を完全に達成できる戦場の状態のこと」。一方、情報優越とは、米国国防総省の定義によると、「情報の流れを途切れなく収集、処理、および配布する能力から得られる作戦上の優位性であり、一方同じことをする敵対者の能力を活用したり拒否したりすること」〕。

　　「憲法制度の基盤を強制的に変更し、ロシア連邦の完全性を損ない、社会的、人種的、民族的、国家的および宗教的な争いを扇動し、メディアにおけるこれらの考えを広めることを目的とした公然の結社による活動」

　ここでの脅威は、情報領域、この場合はメディアにおけるロシア連邦の

権益に対する情報操作のコンテンツ関連面に由来する。

> 「外国の政治、経済、軍事および情報の組織がロシア連邦の外交政策戦略の策定と実施に及ぼす可能性がある情報の影響力」

　上記は、ロシアにおける情報の影響力の広範な理解の重要な例の1つである。戦略と権益の策定と実施における外国組織に対するツールとして、情報の影響力はさまざまな方法で管理されている。しかし、政治、経済、軍事、または情報の分類は、組織（国際機関、外国政府、軍事、およびメディア）を特定するだけではなく、情報領域における影響工作の方法も特定する。

> 「ロシア連邦の外交政策を実施する連邦行政機関、海外のロシアの代表および組織、ならびに国際機関におけるロシア連邦の代表の情報への未承認のアクセスまたは情報資源や情報インフラに対する攻撃の試み」

　この脅威はすでに提示されているものと似ているが、ロシアによって定義されているような情報領域は地理的にロシア連邦に関連付けられたサイバー空間だけではなく、ロシアにおける情報インフラと情報領域を意味し、外国の情報インフラの情報領域も含むという例として役立つ。提案されている行動規範のため、それは特に興味深い。[93]サイバー空間における主権の問題は、検閲の正当化につながる可能性がある問題である。[94]一方で、ロシア、中国、タジキスタン、カザフスタン、キルギスタン、およびウズベキスタンが提案した行動規範は、領土の保全に基づいた物理領域権と主権の適用を意図しているが、この特別な脅威評価は地理的にロシア連邦に結び付けられた情報領域を超えたロシアの組織と権益手段に対する情報領

域の脅威を特定する。

> 「ロシア連邦の外交政策活動における戦略および戦術を歪めている政治的勢力、公然の結社、メディアおよび個人の情報・宣伝活動」

　一見したところでは、この国家安全保障文書は情報・宣伝活動を行う個人の力について述べている。それは、情報活動がロシアの国家安全保障組織によってどのように認識されているか、また情報のコンテンツが国家安全保障の保護において非常に重要であることの重大さを示している。

> 「ロシア連邦の外交政策活動に関する国民への不十分な情報提供」

　これまでのところ、この脅威は悪意を持ってロシアを標的としていると看破される行為者または媒介者をねらいとしたものである。情報が不十分な国民を強調していることは、国民がアクセスする可能性がある他の情報源に反対または反論するコンテンツを情報領域で提供する必要性を示している。この目標は、情報領域に現実と出来事の「正しい」認識を提供することである。

> 「ロシア市場における外国の科学技術製品の優遇条件の創設と、ロシアの科学技術的可能性の発展を制限するための先進国による同時的取り組み（その後の焦点の絞り込みを伴う先進企業の株式の買収、輸出入制限の維持等）」

　この脅威は再び、ロシア国外からの影響を受けた外国技術への依存についての脅威評価だけではなく、認識されている技術的格差を原因とする懸念を明らかにし、ICT（情報通信技術）分野におけるロシアの可能性を制限

する。

> 「国内の情報空間における外国メディア部門の無統制な拡大だけでは
> なく、メディアの独占による大量情報のシステムの歪み」

メディアと大量の情報化からなる情報領域もまた、関心の対象となって
いる。これは、コンテンツの国民への開放を可能にするためである。

> 「ロシア連邦内で活動している外国の特殊工作員によるメディアの利
> 用により国家の安全保障および国防能力に損害を与え、偽情報を拡散
> している」

これは、ロシアの安全保障組織が、脅威認識を通して、国家安全保障お
よび国防能力でさえ影響を及ぼす偽情報の重要性を認識しているというも
う1つの事例である。このような立場では、たとえばロシアが偽情報を
拡散するための自国のメディアの使用を伴う活動に関係する場合、ロシア
連邦に有利なこれらの方法の利用に関連がある。[95]

> 「現代のロシアの市民社会が、社会的に要求される道徳的価値観、愛
> 国心、および国の運命に対する市民の責任に対して、成長世代の形成
> および社会の維持の体制を確保することができないこと」

この脅威は、情報領域と直接の関係はないが、現実と情報それ自体の認
識と相関関係がある。市民社会の成長部分は、ロシアの体制とは一体にな
らないため、体制にとって脅威となっている。その対応としては、全国民
に情報(正しい、必要とされる、道徳的価値観、および愛国心のレベルが何であるか
の認識)を提供することである。一言で言えば、それは現実の認識と物語

（国家にとってよいもの）を統制するための基盤作りを形成するための情報の拡散である。主体－対象関係［訳注：主体が対象の意思決定プロセスを間接的に統制する関係］の反射統制原理が効果を示す。

　　「可能性のある敵対者による情報的および技術的影響力（電子攻撃、コンピューターネットワークへの侵入を含む）」

　これは、すべての脅威の総和である。すなわち、コンテンツ分野での活動とコードベースの作戦の組み合わせ（情報領域への心理的攻撃、情報資源自体、および技術的なコードベースの情報兵器の使用）である。

　　「情報的および心理的影響力の方法によって行われる、外国の特殊工作員による破壊および妨害活動」

　心理的影響力は情報技術的影響力に拍車をかけて、反射統制をさらに効果的にする。

　　「ロシア軍の威信とその戦闘即応性を損なう可能性のある情報・宣伝活動」

　この分析で示された最後の脅威は、それほど顕著なものではない。威信に対する脅威としての情報・宣伝活動の記述（たとえば社会における地位または役割の認識）および戦闘即応性に影響を与えることは、脅威に対する情報基盤が軍事作戦の場合には任務を固守する／遂行する能力に直接影響することを示している。これは、ロシア連邦の国家情報安全保障体制における情報・宣伝の重要性とそれらの役割を要約したものである。
　この文書に提示されている脅威の原因は、情報心理的および情報技術的

な兵器に関するロシアの情報戦の概念を反映している。その目的は、情報を保護し、インフラを防護すること（米欧のインフラ中心のサイバーセキュリティの概念のように）だけではなく、コンテンツを変更し、ロシア連邦の権益にとって好ましくない資料の拡散に対処することを考慮に入れることである。情報安全保障ドクトリン文書で提示されている脅威認識は、ロシアがコンテンツを国家安全保障と国防能力に影響を与えるために使用できる力の源泉またはツールとしてどのように捉えているのかという好例である。また、提示されたすべての脅威（さまざまな関係者によって予測されている）は、武力紛争の時期にも限定されない。文書全体を通して、平時と「戦時」の間に区別はない。これはまた、平時と戦時の境界線がぼやけており、ロシアがこれらの脅威に対処する際にそれらを考慮に入れていないことも示している。脅威は持続的であり、紛争の特定の段階に限定されるものではない。

　2000年に採択された文書からの脅威はそのとき関連していた。しかし、本章の後半で述べるように、それらの脅威はロシア連邦ではまだ適用されており、今日の国家安全保障および国防のドクトリンに存在している。

　エストニア、ジョージア、およびウクライナでのロシアの作戦上の軍事行動は2000年に先立つ。ジョージア、また特にウクライナの場合、多くのアナリストたちは、戦闘作戦が行われた方法への「新たな」アプローチによって、新たなハイブリッド戦の採用を挙げて、驚愕しているように見えた。また、利用可能なあらゆる手段（文民、軍事、および外交）を使用して、軍事作戦を情報戦で補完する方法も、議論と驚きの対象であった。分析コミュニティは、公式文書を読み、脅威認識に精通し、また後に目標と目的を知ることによって、もっとうまく自分たちのものにして、紛争においてロシア軍と利害関係者が使用する手段と道具箱を理解していたということもあり得る。ロシアは他国の技術的優位性をよく認識していた。この著者は技術の格差について何度も言及した。そのためロシア人は、優れた

戦略家として、利用可能な弱点を活用し、利用可能なアセットを展開してその優位性に対抗し始めた。

このドクトリンはまた目的、すなわち推進の領域を定義し、目標に導く。それらは、コメント付きで以下に提示されている。

目的／目標

> 「現在の地政学的状況、ロシアの政治的および社会経済的発展状況、および『情報兵器』の使用の現実に関して、国家情報セキュリティ保証の理論的および実用的基盤を開発すること」

このことは、情報兵器の使用による脅威への対処方法といった情報セキュリティを提供するための概念およびアセットに対して、情報セキュリティを保証するための組織的・制度的枠組み、すなわち情報セキュリティを確保することを目的とした法的枠組みおよび規制ツールを含む全体的な目標である。それはそれらの同じものの開発も含んでいる。情報セキュリティに対するロシアの見方は、それに関する米欧の概念よりも広いことを念頭に置くことが不可欠である。[96]

> 「セキュリティを決定する情報化、電気通信、および通信の主要な分野、ならびに主に兵器や軍用機器の見本のための特別なコンピューターハードウェア開発の分野におけるロシア連邦の技術的独立性を確保すること」

上記は、国家安全保障および軍事複合体において外国の技術に依存しているという脅威をねらった直接的な反応である。ロシアの体制は、外国の技術を導入するリスクをよく認識している。これまでの拒否的な経験は重

大過ぎて、忘れることはできなかった。[97]

> 「ロシア連邦の模範的な正当な法令をうまく作り適用し、情報への不正アクセス、違法な情報の複製、情報の歪曲または違法な使用、**虚偽の情報に関する故意の漏洩**、機密情報の違法な開示、また犯罪または不純な目的のための業務または営業秘密情報の使用に対する法的および自然人の責任を確立すること」

この目標に関する問題は、だれが欺瞞する情報を特定するのか、またそれをどのようにしているのかということである。「虚偽の情報」要因とは別に、故意の漏洩は情報領域を目的としている。

> 「ロシアの情報インフラの開発のために外国投資を引き付けるときに、投資家の状況だけではなく外国の報道機関、メディアおよびジャーナリストの状況をより正確にすること」

2000 年からの目標は、ドゥーマ（Duma）［訳注：ロシアの国会］で 2017 年に採択された法案に向けた油断できないキックオフであった。[98] この法律は外国のジャーナリストや NGO に強制的な精査を余儀なくさせ、違反した者に対する司法罰をもたらしている。この法案は、市民社会とその情報領域でのプレゼンスに対する統制を強化するための体制のツールとみなされている。[99, 100]

> 「ロシア連邦の領土内でグローバル情報技術ネットワークのサービスを提供する組織の地位の決定、およびこれらの組織の活動の法的規制」

専門家は上記に挙げた同じ目標を持っているが、情報空間の技術的およ

び社会的ネットワークの側面を目的としている。それは潜在的な外国人工作員だけではなく、国内の舞台も意図されている。たとえば、2014 年にロシアのソーシャルネットワークのフ・コンタクテ（Vkontakte〔VK〕）は効率的にロシア政府組織の管理下に置かれ[101]、その創設者のパベル・デュロフ（Pavel Durov）はユーザーに関する情報、すなわち彼が対応を拒否してきたものを提供させようとする圧力の高まりに直面した。これは、サービスだけではなく、コンテンツとそのユーザーに関する情報へのアクセスに関しても、情報領域の統制を強化することに傾いている体制の例である。

　　「処理中の情報への不正アクセスと、情報化や通信システムおよび手段の通常の動作モードの変更だけではなく、データの歪み、損傷または破壊を引き起こす特別な攻撃を防止するためのシステムおよび手段の作成」

　上記の目標は、侵入検知や侵入防止システム、プローブ（探査）、およびネットワークや情報の流れを監視する能力のための技術的および組織的手段を国家安全保障組織に提供する必要性に基づいている。また、それはネットワークを強化し潜在的な侵入とその機能の変更を制限し、ネットワークに欠陥を生じさせることをより困難にすることも目的としている。

　　「社会と国家の生命と活動の最も重要な分野におけるロシア連邦の情報セキュリティの指標と特性を監視するシステムを形成すること」

　この目標は狭猾に見え、少し異なるが前の目標を繰り返している。すなわち、インフラセキュリティだけではなく、ユーザーとコンテンツも含む情報セキュリティの指標と特性の説明はない。この目標が具体化されたものが、2014 年からの省令に基づく SORM-3 であり[102]、対象の監視と盗聴

を可能にする、義務付けられた技術要件に準拠した機器の設置を電気通信事業者に命令するものである。SORM-3 はディープ・パケット・インスペクション［訳注：インスペクションポイントをパケットが通過する際にパケットのデータ部またはヘッダ部を検査することを言う］を可能にする。

> 「情報サービス市場とマスメディアを含む、国内外の企業による情報インフラの構成要素の独占に対抗するためのシステムを確立すること」

　独占に対抗するための制度は、この目標の下では、当局の統制下または直接の影響下にないことに対する口実として役立つ。

> 「ロシアの国内政策に関する偽情報の拡散による悪影響を防ぐことを目的とした対宣伝活動を強化すること」

　この目標は Sputnik[103] と Russia Today[104]、すなわち後の RT、ロシア政府によって資金を供給されたロシアのテレビネットワークの基金によって部分的に達成された[105]。放送範囲は国際的であり、外国および国内問題に関してロシア政府に有利な公式な立場を視聴者に提供する。RT は、主要な宣伝チャネルの 1 つとして機能する。この目標は、ロシアの体制にとって不利なものとは異なる、別の観点や現実の認識を提供するために、防勢的なものとして明示的に提示されている。しかし、RT は偽情報それ自体を拡散することに関与している[106]。

> 「ロシア連邦の外交政策について海外に拡散されている偽情報の無効化工作のためのロシアの海外代表と組織を創設すること」

　これは、シンクタンクを介して誤った権力の意味を生み出すことによっ

て現実の認識に影響を与えることを目的とした明確な目標であり、それは意欲的な専門家や政治家および機関を引き付けて偽情報を正当化するフォーラムである。[107]

「ロシアの国民や海外法人の権利と自由の侵害を妨げる工作に対する情報支援を完成させること」

漠然とした目標は、国民の権利と自由の侵害を妨げるものとして、仮面で覆われたロシア連邦の権益を促進するための情報支援の創設と入念な工作を目的としている。情報支援とは、普及やそれに関連する指導を目的としたコンテンツ自体の作成だけではなく、伝播経路（個人、ネットワーク、組織）の育成も意味する。

「国防分野における情報安全保障制度の機能的機関の構造的改善およびそれらの相互活動の調整をすること」

実施され、研究され、また適用されるべきツールと方法は別として、情報領域における発展の速いペースと出来事の速さの増加は、国際的に組織体のより良い調整と調停を必要とする。ロシアの国家安全保障組織はこれを認識しており、2000年に既存の構造を改善する目標を立てた。

「『情報兵器』の開発、拡散および使用を禁止するための国際的取り組みをすること」

その目的の一部は、ロシア、タジキスタン、中国、およびウズベキスタンが特に「ネットワークを含む情報通信技術を使用して敵対的行為や攻撃的行為を実行し、国際的な平和と安全に脅威をもたらしたり、あるいは**情**

報兵器または関連技術を**拡散**させたりしないこと」として行った国連への行動規範の提案によって部分的に達成された[108]。

　しかし、情報兵器を構成するものについて正確には国際的な合意がなく、それに対するロシアの概念は場合によってはソーシャルネットワークさえも包含するのに十分に広いので、「情報兵器」という用語は2015年第2回行動規範の提案から除外された。この除外は、おそらく国際社会からより高度なレベルの支援を得るためであった。

> 「国内の電気通信および通信チャネルを介した情報の流れを含む、国際的な情報交換を確保すること」

　ここでの目的は、単刀直入であり、情報インフラを政府の統制下に置き、民間の海外事業体が情報領域の重要な部分を所有することを許可しないことにある。

> 「情報および電気通信システムの利用者を含む、情報領域での関係に対するすべての当事者の法的地位を決定し、この領域におけるロシア連邦法の遵守に対する当事者の責任を確立すること」

　その広い範囲における上記の目標は、表現や契約条件の再成文化、すなわち情報領域の使用、作成、維持および保護に関与する事業体の権利および義務を規定している。その決定プロセスは、この領域のより多くの統制を得るために体制によって課される予期しない状況につながる可能性がある。

> 「ロシア連邦の情報安全保障に対する脅威源、およびそれらの実現の影響に関するデータの収集や分析のためのシステムの作成」

　ロシアの情報安全保障の権益を擁護するための組織的、法的、技術的、および非技術的な手段の作成として分かりやすく言い換えると、この説明は規範、コンテンツ、影響力、および監視に関連する。

　　「可能性のある敵対者による宣伝、情報心理作戦に積極的に対抗するための方法およびツールの改善とともに、戦略上および作戦上の偽装を提供し、情報および電子対策を実施する方法および手段を改善すること」

　この目的は明白であり、1つの注意を除いてそれ以上の説明を必要としない。すなわち、この方法は通常軍事活動や武装戦闘活動に関連しているが、このドクトリンは文民の文書である。

　　「ロシアの統一された情報空間のインフラを開発し、総合的な方法で情報戦の脅威に対抗すること」

　2000年以来、ロシアの体制は、ロシア独自のいわゆるインターネット（実際、ロシアや他の志を同じくする国々の統制下にある統一された情報空間）を創設する計画の集大成とともに、情報領域に対するその統制の強化に努めてきた。[109]

　　「社会と国家のきわめて重要な機能の実現の過程で使用されるシステムのために安全な情報技術を創出し、コンピューター犯罪を抑制し、国家連邦体当局の権益のために特別な目的の情報技術システムを考案すること」

　この最後の目標は、監視のためのSORM-3の場合だけではなく、他の

不特定の種類も同様に、特定目的の情報システムを構築するという意図を示している。

　読者は、ロシアの体制によって直接的にまたは代理者を通じて間接的に国内的および国際的に行われた情報作戦に驚くべきではない。このドクトリンはロシア連邦の権益を確保する上での脅威と目標を明らかにした。このような 2000 年の文書を通して読むことによって、読者はロシアが何を恐れていたかについて知り、それゆえ彼らが自分の権益を擁護するためにどれくらい自分の知力を出す可能性があるかを明確に理解してしまうかもしれない。彼らの脅威評価と提案された対抗措置により、それほど遠くない将来に使用しようとしていた理解、方法、およびツールが明らかになった。

　2000 〜 2017 年にロシア連邦は、情報安全保障分野では予想外のどのようなこともしていなかった。いくつかの活動は予想されたかもしれない。過去のツールと影響力の方法、現代技術と公開された戦略の実行を組み合わせて、また認識された脅威とその行動に対処する方法を宣言することは、戦略的手段と意図を楽々と届けるようなものだった。

　セルゲイ・メドベージェフ（Sergei Medvedev）が述べたように、メディアの役割に対する米国と欧州の認識の最も顕著な相違の 1 つは、ロシアの「反自由主義的な態度」である。「メディアの事業体が民間または国営であるかにかかわらず、政府が親ロシアのメッセージの伝達を確実にすることは受け入れ可能で不可欠であるということを、このドクトリンは述べている。ロシア政府は、この見解は国家による監視を提供することだけを目的としており、検閲を目的としていないことを明らかにした」と彼は続けた。[110]

　2016 年には、『ロシア連邦の情報安全保障のドクトリン』が 2000 年の『ロシア連邦の情報安全保障ドクトリン』に取って代わった。ここでも、一連の脅威と目標が解説とともに示されている。

❖ ロシア連邦の情報安全保障のドクトリン（2016 年）

脅威

> 「情報技術のより広範な使用は、経済発展および社会と国家の機関の
> より良い機能に貢献する一方で、それはまた新たな情報の脅威を引き
> 起こす」

　最初の脅威は、技術の広範な使用が新たな情報の脅威を可能にすること
を漠然と定式化している。問題は、これが単に日常生活の中で情報技術の
浸透がほんの少ししか存在しないが、まだ知られていない新たなものに対
して警告しているという明らかな情報の脅威であるのか、著者が念頭に置
いている情報の脅威であるのかということである。

> 「国境を越えた情報流通の可能性は、地政学的な目標、国際法に違
> 反する軍政的性質の目標、または国際的な安全保障と戦略的安定性に
> とって有害なテロリスト、過激派、犯罪等の目的にますます用いられ
> ている」

　この脅威認識に関する重要な注意点は、「情報流通の越境的性質」、「軍
政的性質」、および「戦略的安定性」である。それぞれが、読者にとって
ロシアの国家安全保障の考え方についての理解を深めるためのものであ
る。ロシアが情報資源と流通経路を懸命に統制下に置き、安全保障組織に
よって規制しているという理由だけで、情報流通の越境的性質はロシア連
邦の権益に反するものである。影響力に対する制限や能力を持たずにロシ
アの情報領域に侵入する外国の組織からの統制されない情報流通を持つ危
険性は、ロシア連邦が追求する現実と権益の認識に対する脅威となる。軍

政的性質は、政治的手段と軍事的手段がどの程度絡み合っているのか、また戦略的目標を追求するために使用される道具箱間の違いがどれほど小さいのかについてのより良い状況を読者に提供する。最後の用語である戦略的安定性は、米国とソビエト連邦の核能力による戦略的膠着状態という意味での冷戦時代を参考にしている。その概念は、第一にロシアが維持しようとしている超大国の地位に言及し、第二にそれが国際秩序の現状を確実にするという理由で不可欠である。

> 「さらに、情報安全保障への影響を十分に考慮せずに情報技術を適用することで、情報の脅威の可能性が大幅に高まる」

国家安全保障組織は、安全保障関連の問題への影響を考慮しない技術の急激な展開による脅威を十分に認識している。場合によっては、利便性と効率性の追求が安全保障上の考慮事項よりも優先される。

> 「情報安全保障の状況に影響を与える重要なマイナス要因の1つは、軍事目的の遂行において情報インフラに影響を与えるために、多くの外国の国々が情報技術能力を強化しているという事実である」

脅威認識は2000年のドクトリンに見られる脅威を要約して繰り返している。

> 「特定の国の情報機関は、世界中のさまざまな地域における国内の政治的および社会的状況を不安定にし、他国の主権を侵害し、領土の保全を侵害する目的で、情報的および心理的手段をますます使用している。異なる国民の集団だけではなく、宗教、民族、人権団体およびその他の団体がこれらの活動に関与しており、この目的のために情報技

術が広く使用されている」

　この声明は、外国の影響力によるロシア連邦への脅威とプーチン政権が好む国際秩序への言及である。しかし、国内の政治的および社会的状況を不安定にすることがもたらす同じ危険性、すなわち領土の保全および主権の弱体化は、ロシアがいくつかの事例それ自体として、すなわちジョージア、ウクライナ、およびモルドバにおいて行ってきたことと行っていることを反映している例である。ロシアは、これらとまったく同じ方法と手段の使用を自国に対する脅威とみなしており、特にそれらの戦術がいかに効果的であるかを承知している。

　　「外国のメディアの間では、ロシア連邦の国家政策に対する偏った評価を含む資料の刊行が増えているという傾向がある」

　上記の概念は、外部の行為者がロシア連邦の政策を汚しているという防御的でほとんど有害な主張を意味している。

　　「ロシアのマスメディアは海外で露骨な人種差別に直面することが多く、ロシアのジャーナリストは自らの職務を遂行することを妨げられている」

　著者によると、この脅威はロシア連邦の情報安全保障に対する直接的な脅威ではなく、2つの例と関連している。第一は、RTがロシアの国営の宣伝機関であるとの米国情報機関の報告後、RTに対して外国の政府職員として登録を求める米国政府の圧力である。[111]第二は、加盟したロシアのジャーナリストが報道機関の地位を悪用しており、ロシアのために情報活動を行っているという情報コミュニティからの圧力が高まっていることである。[112]

　「ロシアの伝統的な精神的および道徳的価値を蝕むことを目的として、ロシアの国民、主にロシアの若者への情報の圧力が高まっている」

　これは、ロシアの国民をねらった悪意のあるコンテンツと認められた脅威としてすでに述べられているもので、伝統的および道徳的価値観の構造の背後にある公式には認められていない資料としての脅威を隠している。

　「国家安全保障と社会保障の分野における情報安全保障は、情報技術がロシア連邦の主権、領土の保全、または政治的および社会的安定性を侵害するために使用されるリスクが増大していることだけではなく、重要情報インフラの目標へのコンピューター攻撃に関する複雑性、範囲、および調整の継続的な増加、ロシア連邦に対する外国の機能強化された情報活動によって特徴付けられる」

　まず、このドクトリンの著者たちはおそらく情報の不安定性を記述したいと望んでいたことに気付くかもしれない。また、さらにもう一度これはロシアの主権、領土の保全、社会的および政治的安定に影響を与える可能性がある場合に、コンテンツとコードの分野では情報安全保障がどれほど重大であるのかという例でもある。繰り返すが、この著者たちは、適切に行われた情報作戦の力と潜在的な影響力についてよく認識している。

　「経済分野における情報安全保障は、競争力のある情報技術の欠如と、商品やサービスの生産における情報技術の不適切な使用によって特徴付けられる。電子部品、ソフトウェア、コンピューター、および電気通信機器といった外国の情報技術への国内産業の依存度は依然として高く、ロシア連邦の社会経済的発展は外国の地政学的権益に依存

している」

　これはソビエト連邦の戦略的思考に存在してきた国家安全保障に対する脅威として認識されており、今日でも国家安全保障の分野を占めている（ロシアの外国技術への依存と技術的格差）。一方、その懸念は理解できる。しかし、それはほとんど外国の地政学的権益がロシアの先端技術の生産の欠如の背後にあるという言い訳のように思われる。前述したように、一般に数学、物理学、および自然科学における人間の可能性はロシアに十分に存在している。ロシア連邦の天然資源もハイテク産業のための十分な基盤を提供し、最近数十年間の技術と知識の普及も研究開発を飛躍的に開始するための強固な知識基盤を提供した。ロシア連邦がその技術を開発できなかったことが、外国の地政学的権益と結び付くことはほとんどあり得ない。それにもかかわらず、ソビエトと初期のロシア連邦社会のコンピューター化の欠如についての歴史的－政治的説明があるかもしれない。ティモシー・トーマス（Timothy Thomas）は次のように考えている。

　　旧ソビエト連邦では、コンピューター技術の総合的な統合が2つの要因によって遅れていた。第一は、ソビエトが、ほとんどの情報技術システム（ゼロックス機、パーソナルコンピューター、特許など）をしっかりと掌握していたことである。そして、第二は、情報システムを真剣に研究することに消極的であったことである。実際、サイバネティックスが1950年代後半にだけニキータ・フルシチョフ（Nikita Khrushchev）書記長によって公式に禁止されて以来、西側ではコンピューター時代への早い段階での確固たる参入があった。[113]

　「戦略的安定性と対等な戦略的連携の分野における情報安全保障は、情報空間を支配するために技術的優位性を利用したいという個々の国

の願望によって特徴付けられる」

　リストの最後で、この脅威により、戦略的安定性が直接言及されており、超大国間、あるいは今日の先進国間の均衡が提供される。それは主に米国を指しており、米国はロシアがその物語や情報工作を情報領域に広めている点でロシアの主要な敵対者として見られている。したがって、情報領域は過去における核兵器の重要度に匹敵する戦略的資産とみなされている（それはもっぱら世界規模で戦略的安定性を変える能力のためである）。これがロシアの戦略的思考の認識である。

　このドクトリンはまた戦略的目標、信頼、および重要な分野も定義する。それらは、コメント付きで以下に提示されている。このドクトリンの場合、それらは国防、国家および公安の領域における情報安全保障ならびに戦略的安定性および他国と対等な戦略的連携の領域といった責任の分野によって分けられる。

目標／目的

国防領域

　　　「ロシア連邦の軍事政策は、国防分野で情報セキュリティを確保するための次の重要分野を特定している。戦略的抑止力の確保と情報技術の使用によって引き起こされる可能性のある軍事紛争を防止すること」

　過去においては、戦略的抑止力は米欧の観点から核兵器を指していた。しかし、「ロシアの認識における戦略的抑止は、実証された範囲の能力と軍事力を行使する決断に基づいて構築されるドクトリン的アプローチであ

る[114]」。それは核兵器に限られない。「それは全く防勢的ではない。すなわち、それは攻勢的かつ防勢的な核、非核、および非軍事的な抑止手段を含んでいる。これらは平時と戦時に使用され（その概念を西側の見解では封じ込め、抑止および威圧の複合戦略に似せるようにする）、紛争を抑止または支配するために利用可能なすべての手段を用いる[115]」。

それはまた、情報兵器、情報闘争、また影響工作といった重要な非軍事的手段も含み、紛争における優勢を達成するための意思決定アルゴリズムを損なう。情報優越は、戦略的抑止を達成し維持するためのプロセスに必要な部分である。これらの目的を達成するために、情報戦と情報技術が非常に重要である。

「情報対立のための戦力と手段を含むロシア連邦軍、他の部隊、軍編制および組織の情報安全保障制度を強化すること」

これは、情報領域における攻撃と情報作戦を行う能力を向上させるために、情報兵器と概念を強化する必要性に関する明確な声明である。

「情報領域におけるロシア連邦軍に対する脅威を含む、情報脅威の予測、特定および評価を行うこと」

この目標は、分析を実行し、情報領域から発生する脅威を概念化する機能に関連している。情報優越を維持するか、または必要に応じてそれを達成するために、情報戦の新たな概念を適用できることが重要である。

「情報領域におけるロシア連邦の同盟国の権益を促進すること」

それは情報領域における国際的支援、およびロシアとその同盟国の権益

の促進と解釈される。それは彼らの同盟の他の組織のために影響を与えることへの願望を示し、ロシアは自国に対する脅威として同じ目的を特定しているので、立場を留保している。

> 「本土防衛に関連する歴史的基盤と愛国的伝統を損なうことを目的としたものを含む、情報心理的行動に対抗すること」

　上記の目標は、敵対的で情報的および心理的な性質として見られる活動に対抗することを指す。それは愛国心を発散することとともに歴史的基盤を述べることによって守らされる。しかし、その目的は、ロシアの体制の公式な認識とは異なるあらゆる活動に対抗することである。興味深いことに、それは国防部門と国家および公安領域の両方の部門で言及されている。また、軍事手段の対応や展開と文民の安全対策の間の境界線がぼやけている。

国家および公安領域

> 「主権、つまり政治的および社会的安定を損なうこと、憲法的秩序を強制的に変更すること、またロシア連邦の領土の保全を侵害することを目的として、過激主義思想を促進し、外国人恐怖症と国家の例外主義の考え方を拡散するための情報技術の使用に対抗すること」〔訳註：国家の例外主義 (national exceptionalism) とは、「我々は他国とは違う、優れている」との考え方。米国例外主義、中国例外主義、日本例外主義等で使用されている〕

　この目標はすでに述べた脅威を繰り返し述べている。文書間でのそれの繰り返し、時間に遅れずに持続すること、また安全保障および国防領域の

さまざまな部門でそれを提示することは、情報技術の潜在的な使用がどれだけ不可欠であり懸念されるものであるかを示している。それは主権と領土の保全を維持することになる場合、考慮すべき事項の最高レベルを占めている。したがって、それはロシアの戦略的および軍事的思想において持つ注目のレベルを示している。

> 「技術的手段や情報技術を使用して、個人によってだけではなく、外国の特殊部隊や組織によって行われた、ロシア連邦の国家安全保障に対する有害な活動を抑圧すること」

この目標に関する興味深い事実は、あたかも情報技術がロシアの思考の方向においてより広い意味を持っているかのように、技術的手段と情報技術の区別である。

> 「ロシア連邦のネットワークを介して転送され、自国の領域内の情報システム内で処理される情報の安全性を確保することだけではなく、政府機関間の安定した相互作用を確保し、これらの対象に対する外国の統制を防ぎ、またロシア連邦の統一された電気通信網の完全性、円滑な運用および安全性を確保することの視点を含む、情報インフラ対象の安全な運用を改善すること」

この目標は、ロシア連邦の統一された電気通信網に関する「ロシアのインターネット」へのつながりを持っている。また、それは電話ネットワークの統一だけではなく、提案された行動規範において、国家としての情報領域における国家の主権に関する議論の根底にある主張である地理的側面も重視している。

「ロシアの伝統的な道徳的および精神的価値観を侵害することを意図
した情報の影響を無効化すること」

　もう一度言うが、この目標はロシアの漠然と定義された道徳的および精
神的価値観に言及している。どのような方法で。この体制にとって好まし
くないとみなされるどのようなコンテンツも、過激なもの、愛国的でない
もの、またはロシアの権益にとって有害なものとして分類される。「無効
化」は広い概念である。すなわち、それは対物語を通して、あるいは司法
罰をもたらす法的枠組みを通して行われるのであろうか。ビジネス関連の
制裁か。いずれにせよ、価値観の侵害、国家の物語および結束力は非常に
重要である。なぜならば、悪用されると、社会の統治能力に重大な影響を
与えるからである。

　　「ロシアの解決策を創出し、展開し、また広く実行することにより、
　　またそのような解決策に基づいて商品を生産し、またサービスを提供
　　することにより、外国の情報技術および情報セキュリティ手段に対す
　　る国内産業の依存を排除すること」

　これらの文書全体で繰り返し見ると、技術的依存と技術的格差の実現に
よる脅威は、情報領域における技術的な自己持続性に対する政府の推進力
につながる。情報市場はまたロシア起源であること、または設立自体に
よってではないとしても、ロシア企業が管理することも好ましい。

　　「個人の情報セキュリティの文化を促進することを含めて、情報の脅
　　威から国民を保護すること」

　これは、この文書全体にわたる個人の情報セキュリティを目的とした、

個人のセキュリティに対する唯一の目標である。それ以外の場合は、イン
フラ、コンテンツ、システム、および価値観に関するものである。

　個人の役割は最も弱いつながりとして過小評価されているが、それで
も、この文書では個人の情報セキュリティ分野における教育の可能性につ
いて一度だけ、またそこでは漠然と言及している。

　　「情報領域における国益を追求するために、国有かつ独立した政策を
　　通じて、情報空間におけるロシア連邦の主権を擁護すること」

　上記の目標は再び、情報安全保障と情報領域における主権との間の直接
的なつながりを裏付けるものである。

　　「国際法に反する軍事的および政治的目的、あるいはテロリスト、過
　　激派、犯罪またはその他の違法な目的のための情報技術の使用に実効
　　的に対抗できる国際情報安全保障制度の確立に参画すること」

　この声明は、提案された行動規範、また政治的および軍事的目標の分
野における情報ベースの概念の使用の体系化を目的とした上海協力機構
（SCO）の加盟国間の取り組みに関するものである。

　　「ロシアのインターネットセグメント管理の国家システムを開発する
　　こと」

　それから最後になったが、特に、ロシアのインターネットを参照する油
断できない行がある[116]。

　2015 年からの『ロシア連邦国家安全保障戦略』では、組織のではなく、または組織的でもないが、直接ロシアのライバルの名前を付けた脅威を特定する際により政治的に作成しているようである。それはロシアによる独立した政策の適用が米国とその同盟国による抑圧につながると主張することから始まる。それはそうするために適用される圧力を直接的に次のように述べている。

　　「……それに対する政治的、経済的、軍事的、および*情報的な圧力*」[117]

　　「*国際的な分野での影響力に対する闘いでは、政治的、財務－経済的、情報的な手段*の全範囲が動員されている」

　この戦略は、ウクライナにおける 2013 年と 2014 年および進行中の出来事を考慮して、我々が目撃しているこの情報的な圧力の一例として次のように主張している。

　　「*敵としてのロシアのイメージについてウクライナの国民の中で意図的な形成……*」

　ロシア軍の活動とクリミア半島の併合、また多くの犠牲者を伴う継続的な戦争行為を考えると、これは不必要であるように見える。

　　国民意識を操作し歴史を偽造することを含む、地政学的目標を達成するために情報通信技術を利用しようとする一部の国の願望によって引き起こされる世界的な情報領域における激しい対立は、国際情勢の性質にますます大きな影響を及ぼしている。[118]

この戦略は、ロシアが次のことを開発し実施しているとことを前提とする。

　*「**戦略的抑止**と武力紛争の防止**を確実にするために、相互に関連する**政治的、軍事的、軍事技術的、外交的、経済的、**情報的**、およびその他の**手段が開発され、実施されている**」*

　情報安全保障ドクトリンや安全保障戦略であろうと、軍事ドクトリンであろうと、すべての文書の要約において、これは戦略的抑止を達成し維持するための取り組みと情報手段の使用および活用の傾向についてのきっぱりとした要約である。重要な側面は、武力紛争防止の概念である。ここでの目標は、国際法による武力紛争の閾値に達することなく戦略的目標を達成するために、前述したようなアセットを使用することである。国際社会に対する説明責任は限られており、戦術的かつ戦略的な取り組みによって、国際人道法により定義されているように軍事紛争を回避することが可能である。

　上述した手段によって閾値に達しない理論的根拠は明白である。すなわち、政治的、経済的または情報的な手段を介して行われたそれぞれの行動は、それ自体では開戦理由の基準を満たさないという点で、非軍事的な適用は効率的である。しかし、それらの全体性は戦略的目的の達成につながる。とりわけ利点は、大規模な従来の軍事作戦行動と比較して、参入コストが低いことである。さらに重要なことには、目標とされた組織が広範囲の敵対的な活動、すなわち国政術全体の範囲に対して組み合わせた手段に対処することは困難である。

　「過激派やテロ組織からの破壊情報、外国の特殊工作員、また宣伝組織の影響力から国民や社会の保護を強化する対策が講じられていること」

98

過激派やテロ組織、すなわち運動エネルギー的攻撃だけではなく、コンテンツの拡散からさらに急進化や勧誘にいたるまで国民や社会を保護することは、国家の重要な役割である。しかし、国家安全保障戦略の段落で言及されている宣伝組織とは何か。それは過激派やテロ組織とは別に、外国の特殊工作員、すなわちその情報コミュニティとは別に議論されるのか。戦略の目的の中で、情報的および心理的な影響力の手段に関しては傑出している。

> 「イデオロギーや価値観の対外拡大および**破壊的な情報や心理的影響に対して**ロシア社会を守るための対策を講じること、**情報領域での統制の実施**、また過激派の製作物の拡散の防止、暴力の宣伝の防止、および人種・宗教・民族間の不寛容の防止によって**ロシア連邦の文化的主権**を確保すること」

この目標は、情報領域における統制、つまりロシアが脅威の記述に使用したのと同じ方法で統制したい外部の脅威に言及している。

軍事理論家たちや戦略家たちによって非常に重要な前提条件として記述されているこの情報領域における統制の概念は、情報優越、情報作戦、影響工作、および戦略管理文書で一貫して概説された反射統制の概念と相互に関連がある。外部の脅威と敵に対する対抗策の提案はそれ自体を強化するために体制によって採用され利用される。

戦略は次の宣言で終わる。

> 「*この戦略を実行する際には、戦略的な国家の優先事項に照らして、情報セキュリティを確保することに特に注意を払う必要がある*」

サイバー戦力および
情報脅威に関する
ロシアのドクトリン的考え方

軍事文書

　情報領域、情報戦、現代の紛争、および現代の技術的な対立の特徴であるものの役割は、軍事ドクトリンおよびその後のロシア連邦の文書でも取り上げられている。

　本章では、次の4つの文書を紹介する。

・ロシア連邦の軍事ドクトリン（2010年）
・情報空間におけるロシア連邦軍の活動に関する概念的見解（2010年）
・科学の価値は先見性にある：新たな課題は戦闘作戦の実施の形態と方法を再考することを必要とする（2013年）
・2015年に適用されたロシア連邦の軍事ドクトリン

❖ ロシア連邦の軍事ドクトリン（2010年）

　ロシアの軍事ドクトリン[119]は、「その権益を擁護する」ために、法的、政治的、軍事的、およびその他のレベルと同じレベルで情報手段を配置するという宣言で始めている。[120]我々が学んだように、それらの手段の中には、敵対的コードと敵対的コンテンツ、情報優越、情報領域の統制、反射統制、また過去のアナログ時代に適用され現代技術の時代に新たに再導入されたその他の手段がある。

　軍事ドクトリンは同時代と現代の紛争の特徴を説明している。その目的は、ロシアの軍事思想およびロシア連邦の権益を擁護する作戦を遂行するための要素の重要性について、見通しを提供することである。この研究で

特に注目に値するのは、このドクトリンの中で「情報戦の役割の強化」という言い回しである。これは、指揮統制の速度とテンポの重要性が増していることに関連して特に当てはまる。ドクトリンに述べられているように、「指揮統制の迅速性の向上」は、今日すべての軍隊が現代の技術を適用しているという事実につながっている。これは技術開発レベルだけに起因するだけではなく、「グローバルにネットワーク化された部隊と兵器のための自動化指揮統制システムに対する厳格な垂直指揮統制系統」を放棄する以外にすべての軍隊にとって選択肢もまたない。

彼らが求める移行は、情報と命令を取り込むことによって、さらなる俊敏性、戦場の理解、および可視化を可能にする。しかし、戦闘中に不可欠であるこれらすべての活動はまた脆弱でもある。すなわち、それらが意思決定アルゴリズムの一部であるという理由だけではなく、使用されるネットワークと技術が敵対的コードまたは敵対的コンテンツの影響を受けやすいためである。

中継され、格納され、また処理される膨大な量の情報に頼る技術や意思決定システムへの依存はまた、現代の紛争において利用できる特徴でもある。現代の意思決定システムや情報技術、センサー、データベース、および通信チャネルの脆弱性は、政治的または軍事的な分野で戦術上、作戦上および戦略上の目的を達成するための概念の開発に理想的で好都合である。

このドクトリンは同時代の軍事紛争の特徴について詳しく述べており、同時代の軍事思想における情報戦の位置付けに関する戦略的思考を垣間見せている。軍事紛争の本質に関する詳細な説明により、過渡期であることが意図されているその後の任務の段階を設定する。ソビエト軍の大量動員時代の到来とともに、現在および将来の軍事紛争のための任務およびスキルセットには異なるアプローチが必要とされた。このような状況から見れば、この文書は明確な特徴を主張している。すなわち、それは「軍事力を

行使せずに政治的目的を達成し、その後、軍事力の行使に対して世界社会からの好意的な反応を形作るために、情報戦対策を事前に実施すること」である。

　したがって、確立された目標を達成するのか、あるいは実際の部隊の配備の前に現場を準備するのかのために、一般国民、さらには国際社会（特に敵対する意思決定者）に影響を与えるための非軍事的な手段と方法が展開され使用されるであろう。ロシアがその目標を追求している間、ロシア連邦の敵対者が情報戦を経験するというより明白な声明は、公式文書の中ではほとんどあり得ない。ロシア連邦の戦略的な権益の追求には先行したもの、すなわち情報戦がある。

　付随するすべての機能（たとえば、敵対的コードおよび敵対的コンテンツの技術的および知的使用、通信チャネルのターゲティング、情報領域、情報資源、および意思決定システム）で情報戦の役割の範囲を完全に理解するために、このドクトリンからの現代の紛争の特徴が次のように提示されている。すなわち、それは先進技術への依存、中断のない情報伝達、および迅速かつ正確な意思決定である。

特徴1

> 「軍事紛争は、速さ、選択性、高レベルの目標破壊、機動する部隊と火力の迅速性、また部隊のさまざまな機動集団の活用によって区別されるであろう」[121]

　軍事紛争のテンポは、当事者の部隊を迅速に動かし、奇襲の要素を使用する能力から当事者の優位性に変換する。高レベルの目標破壊は、現代の兵器や弾薬だけではなく、目標捕捉、計算、および航法に依存する技術によっても達成されている。これらの側面はすべて、とりわけ情報インフ

ラ、通信チャネル、暗号化、および信号の可用性、すなわち衛星の妨害やスプーフィング〔訳註：ネットワーク上でのなりすまし行為のこと〕に対する耐性に基づいている。また、ターゲティングと指揮のための意思決定プロセスは、一般に、適切な情報を得る能力、提供される情報の忠実度に対する信頼、および将来の戦闘作戦のためにその情報を処理し適切に蓄積する能力に完全に依存する。意思決定者の偏見の心理的側面も関係してくる。

特徴2

　「戦略的イニシアチブ、持続可能な国家および軍事指揮統制の維持、ならびに陸上、海上、空中および宇宙空間における優位性の確保は、目標を達成するための決定的要素となるであろう[122]」

　戦略的イニシアチブとは、奇襲、作戦術、また反応的な立場に縛られることなく自由に段階的拡大および段階的縮小する能力についてだけではない。現在の世界では、それは一般国民、国際社会、および意思決定者のための物語の設定についてでもある。行動が最終的に違法であるとみなされるならば、妥協する立場にとらわれずに目標を達成するためにそうする能力は不可欠である。また、戦略的イニシアチブを達成することにより、不信感を広め、敵対者の意思決定プロセスを弱体化させ、また目標組織内の社会的結束を破壊しようと努める。

特徴3

　「軍事行動は、精密、電磁波、レーザー、および超音波兵器、コンピューター制御システム、無人航空機や自律型水上航走体、また誘導ロボット化された兵器と軍用装備のモデルの重要性が増していること

によって特徴付けられるであろう」[123]

　このような技術や兵器プラットフォームの新たな物理的および運動エネルギー的な機能を含む上記の兵器は、コンピューターベースの技術、情報通信チャネルに大きく依存している。アルゴリズムによって完全に制御されたコンピューター監視システムは、戦争における新時代の幕開けであるが、国境管理のための自動化システム、致死性システム、監視アセット、さらには全自動または半自動の軍用プラットフォームの全体スウォームといった新たな一連の利用できる生来の脆弱性の証拠でもある。

　これら３つの特徴には共通点がいくつかある。すなわち、技術への依存、意思決定アルゴリズム、および３つすべてのレベル（戦術、作戦、および戦略レベル）の指揮統制へのつながりである。

　軍事紛争を阻止し防止するために、このドクトリンはいくつかの課題を提示する。

・「**現代的な技術システムと情報技術**を活用して、世界的および地域的レベルでの軍事・政治情勢の発展と軍事・政治分野における国家間関係の状況を評価し予測すること」[124]

・「**軍や他の部隊**に対する**情報支援のシステムを改善**すること」

・「**情報戦のための戦力と資源を開発**すること」

・「**高精度兵器の新たな**モデルを作成し、それらに対する**情報支援を整備**すること」

・「基本的な**情報管理システム**を構築し、それらを**戦略上、作戦上の戦**

略的、作戦上、作戦上の戦術的、および戦術上のレベルで、兵器の**指揮
管制システム**および**指揮統制機関の自動化システムと統合すること**」

『ロシア連邦の軍事ドクトリン』は 2010 年に刊行された。それに続いて
『情報空間におけるロシア連邦軍の活動に関する概念的見解』という文書
が刊行された。

　この文書の刊行の背後にある理由は明らかではない。おそらくそれは、
情報領域における活動のトピックについてさらに詳しく述べるのか、ある
いは現代戦における情報的概念の重要性をさらに強調するのかである。こ
の文書では、「情報戦を、情報システムや情報資源に損害を与える、政治
的、経済的および社会的システムを弱体化させる、国民を洗脳する、また
は被害者政府を威圧する可能性のある行動として規定し、情報中心の観
点」からの定義を検討している[125]。

　また、この概念的な文書は、情報空間がもう 1 つの作戦領域であると
述べている。この声明は、2016 年のワルシャワサミットで、NATO がサ
イバー空間を機能領域として宣言した 6 年前のものである[126]。「陸上、海上、
空中および宇宙空間とともに、情報空間は、最も先進国の軍隊における広
範囲の軍事任務に広く使用されてきた」

　この概念的な文書は、情報技術の偏在的な性質のために情報兵器が国境
を越えた影響を及ぼしていることを前提としているため、情報戦の役割が
ますます重要になってきている[127]。

　　「このドクトリンはこの脅威に対抗するための優先事項を定めてい
　　る。それらのうちの 1 つは、戦略上および作戦上の欺瞞、諜報および
　　電子戦の手法と方法、積極的な情報心理作戦に対する対抗策の方法と
　　手段を改善することである。その上、最近コンピューターが指揮統制
　　および兵器管制システムに広く使用されているので、このことが脅威

のリストがさまざまな種類のコンピューター攻撃に対してロシア連邦
軍の情報インフラを防護する任務で現在補完されている理由である」

この概念的な文書はこれまでのところ軍の思想家たちによって提示され
たのかまたは状況から得られたのかのいずれかであろうが、いくつかの定
義を明らかにしており、その本文はこれらの用語に関して公式な詳細を提
供している。まず最も重要なものは、情報空間における軍事紛争の定義で
あり、次のとおりある。

　　「情報空間における軍事紛争は、情報兵器の使用による国家間または
　　国家内の紛争の一形態である」

情報戦の定義はそれでもなお重要であり、次のとおりである。

　　**情報戦は、敵対勢力の利益のために決定を下す国家に対する威圧だ
けではなく、情報システム、プロセスと資源、重要組織およびその他
の組織への損害を与えること、政治的、経済的および社会的システム
を損なうこと、国家と社会を不安定にするための国民に対する大量心
理的操作を目的とした情報空間内の2国以上の国家間の対立である。**

　重要な情報資源に損害を与え、敵対的コードと敵対的コンテンツを使っ
て攻撃者に有利な決定を与えることにより敵対国を威圧することで、対象
に対する統制は敵対行為を武力紛争の閾値以下、また敵対行為を国際人道
法で定義されている規制の閾値以下に抑えることを目的としている。ここ
での利点は、目標が従来の対抗策を使用できることを不可能にし、実際の
敵対行為の程度と対応方法を評価するのを困難にしていることである。
　指揮統制、すなわち文民統治の領域における意思決定に対して軍事的に

同等なものは、軍事作戦の実施、攻撃の実行、または単に階層構造を持つ組織としての調整および機能する能力において重要な役割を果たしている。したがって、防勢的および攻勢的作戦を実行する権限を与えられたすべての組織は、そのインフラ、プロセスおよび指揮官の強靭性を強固にするよう努めている。同様に、敵の指揮統制を妨害することは、時には従来の敵対行為を伴わずに、敵の作戦の遂行中に敵対者を効率的に弱体化させる方法である。したがって、ドクトリンはまた次のように述べている。

> 「情報戦の状況では、情報資源を防護する戦略を適用することにより、軍事指揮系統の混乱、指揮統制の混乱、後方や輸送インフラ要素の回復不可能な破壊、要員の心理的混乱、および戦闘地域における非戦闘員を回避することができるであろう[128]」

上述したように、軍事組織は、それ自体と指揮系統を一般に攻撃から防護するだけではなく、潜在的な敵対者に対してこれらの種類の攻撃を実行するためにも、そのような手段を使用するように努めている。

> 「同時に、現行の状況においてこのような手段を優先的に使用する必要性は、インターネット、電子マスメディアおよび移動体通信システムによって形成されている1億のグローバル情報空間に何億人もの人々（国および大陸全体）が関与しているという事実によるが、それだけには限らない[129]」

情報空間における活動の範囲は、このドクトリンにもよく説明されている。それでもやはり、それはロシアの軍事思想家たちと戦略家たちの間で共有されている情報安全保障についての広い見通しを示している。

「一般的に、情報空間における作戦は、参謀や現場による情報活動、作戦上の欺瞞、電子戦、通信、暗号化および自動化された指揮統制、本部の情報工作、ならびに電子、サイバー、および他の脅威に対する友軍情報システムの防護から構成される[130]」

上記の見方は、敵対者が指揮統制を思い通りに妨害する機会の数を事実上示している。ただし、最高レベルの指揮統制のためだけに留保されているわけではない。このドクトリンが指摘するように、情報空間における作戦の組織化はあらゆるレベルの指導者とあらゆる時代の平時または戦時に関係がある。

「あらゆるレベルの指揮官と幕僚が、平時、戦時、作戦（戦い）の準備段階と実行段階に、情報空間活動の組織化に直接関与している。これらの指揮系統のそれぞれは、それらの機能と権限に関して、情報空間における単一の行動の概念によって結び付けられた隷下部隊の活動を計画している[131]」

このドクトリンの概要を締めくくるために、次の2つの独特の原則が著者によって提示されている。

1. サイバー空間の軍事紛争予防のための情報安全保障制度の開発。
2. 情報戦部隊の創設と維持、および情報領域における軍事的および政治的攻撃に立ち向かうための常続即応態勢の手段。

ロシアの見解を理解する上で「システム」とは、それが通信情報システムだけではなく、情報空間における紛争の予防と解決の達成を確実にする一連の手段、対策、概念、および原則であることから、特に興味深い。そ

のような手段には、ロシアの戦略的権益のために作戦を行う能力を持つだけではなく、情報空間から来る脅威に対処するための技術や手段の積極的な研究開発も含まれている。次に、ロシア軍は軍事攻撃を撃退するだけではなく政治的攻撃も行い、軍事的および非軍事的な影響力と力の手段を融合させることになっている。軍事アセットは、文民のグローバル情報領域における政治的、非軍事的脅威に対抗するために利用される可能性がある[132]。

ロシア軍によって執筆された 2013 年の論文で、参謀総長であるワレリー・ゲラシモフ（Valery Gerasimov）陸軍大将が『産軍複合体』（Voyenno-Promyshlennyy Kuryer）誌に登場したが[133]、公式に認可されたドクトリンや戦略ではなく、ロシア軍の指導的人物の考え方を示した。「科学の価値は先見性にある：新たな課題は戦闘作戦の実施の形態と方法を再考することを必要とする」という論文は[134]、心理的および技術的なサイバー活動の攻撃的な役割について詳しく述べている。ゲラシモフは、非軍事的な威圧、影響力、および圧力の手段は、従来の軍事的手段よりも戦略的目標を達成する上でより高い効果を生み出す可能性があると述べている。

> 「新たな情報技術は、部隊と統制組織との間の空間的、時間的、および情報的な格差の大幅な縮小を可能にした」

ゲラシモフは、情報と非軍事の敵対行為はすでに紛争の一部であり、情報対立（information confrontation）における秘密の方法が目立つようになると、指揮統制のレベルと階層的トップダウンモデルとの間の境界線がぼやけてくると主張する。

> 「非対称的な行動が広く使われるようになり、武力紛争における敵の優位性を無効化することが可能になった。そのような行動の中には、絶えず習得されている情報的行動、デバイス、および手段だけではな

く、特殊作戦部隊および敵国の全領土を通して恒久的に活動する戦線を生み出す国内抵抗勢力の使用がある」

　彼は、敵対者の従来の軍事技術上の優位性を相殺するような影響を与える情報兵器の状況を再確認している。

　　「軍事集団（武力）の多種多様な性格を考慮に入れた意思決定のための科学的および方法論的組織を開発することは重要な問題である。これらの集団のすべての構成部隊と武力の統合能力と協同の可能性を研究することが必要である。ここでの問題は、既存の作戦モデルと軍事行動がこれを支持しないことである。新たなモデルが必要である」

　また、情報作戦を行うことは、敵対勢力の戦闘力に関する戦術上、作戦上および戦略上のレベルに影響を与える。ゲラシモフは、軍事的手段と非軍事的手段の境界があいまいな武力紛争の多面的な性質を反映した新たなモデルの開発を提唱することによって、既存のモデルに対して意思決定とその脆弱性についての新たなモデルを反映している。紛争の平時と戦時の局面は重なる。したがって、情報戦は戦略的目標を達成するための優れた手段であり、3つのレベル（戦術上、作戦上、および戦略上）のすべての作戦に影響を与える。システムは、これらの新機能に慣れていないため、同様に脆弱である。敵対者の能力と方法はロシアの軍事指導者たちによってよく理解されており、彼らの思考に直接影響を与えている。

　新たな考え方に対する、非標準的なアプローチに対する、他の観点に対する軽蔑的な態度は、軍事科学では受け入れられない。また、実践者が科学に対してこのような態度をとることはさらに容認できない。[135]

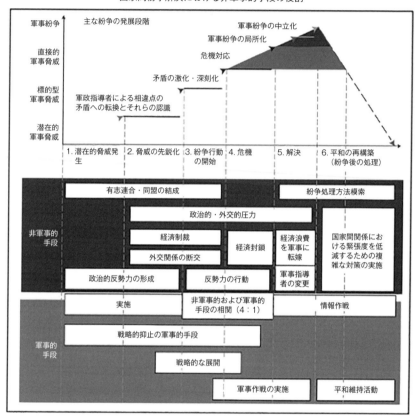

国家間紛争解決における非軍事的手段の役割

出典：McDermott, R. (2014) : Eurasia Daaily Monitor, Volume 11, Issue 27. より再作成

❖ ロシア連邦の軍事ドクトリン（2015年）

　2015年のドクトリンは再びその前の文書に基づいて、ロシア連邦とその同盟国の権益を擁護するための非暴力的な性質の道具として情報を挙げており、その軍事的リスクと脅威は情報空間の一部である。

　この戦略は、国際法、主権、政治的独立性、領土の保全、国際平和、安

全、および世界と地域の安定に対する軍事的および政治的活動における情報通信技術の使用といった外部リスクを指摘している。それは広い範囲の影響分野である。

　この軍事ドクトリンはまた、「母国」の文化的および道徳的伝統をねらいとした破壊的な情報作戦に重点を置くことを繰り返し補足している[136]。2010年の前の軍事ドクトリンと同様に、2015年の軍事ドクトリンは、情報的対策を列挙し、今回対象国の国民の抗議の可能性を考慮に入れることによって現在の軍事紛争の特徴と詳細を繰り返している。

　以前のドクトリンで説明された他の機能の中で、2015年からのものも新たな兵器プラットフォームを拡張し、また最後のドクトリンの分析で述べられたように、これらすべてのプラットフォームは本質的に情報通信技術に依存している。

> 「……無人航空機、自律型水上航走体、誘導式ロボット兵器、および軍事装備だけではなく、兵器や軍事装備システム、高精度および極超音速兵器、電子戦の手段、実効性の点で核兵器に匹敵する新たな物理的原理に基づく兵器、情報および制御システムの大量使用」

　全世界の情報領域は、空中、宇宙空間、陸上、および海上の領域とともに、敵への圧力を展開し維持するための軍事的および非軍事的手段を行使するべき領域である。これらの領域を通じた組み合わせと調整は、軍事的および非軍事的目標を達成するために、運動エネルギー的効果を使用し、それらを全世界の情報領域における混乱と結び付けるときの重要な課題である。

　情報的対策は、敵を打撃、混乱、欺瞞、または単に攻撃するためだけに使用されるのではない。それらはまた、分析を行い、意思決定に必要なデータを取得し、また感覚認識を支援するための優れた推進役としても役

立つ。したがって、発展を見越して、現代の技術的手段および情報技術がさらに次のとおり概説されている。

　　「現代的な技術的手段と情報技術を用いて、軍事・政治分野における
　　国家間関係の状況だけではなく世界的および地域的レベルでの軍事・
　　政治情勢の発展を評価し予測すること」

　このドクトリンの結論を出すために、情報戦のための戦力と資源の開発を求める 2010 年のドクトリンとは異なり、2015 年のドクトリンは情報戦の能力と手段を強化する必要性を前提としている。

　国家安全保障と国防を扱う分析された戦略的文書のすべてをくまなく調べることには、明確な利点が存在している。それらは反復的で、読者は脅威、要約、目的、および目標に圧倒されるかもしれない。それでも、それらは繰り返し慣れ親しんだ傾向を強調している。上記で検討したすべての文書における情報戦、情報空間、および影響力の問題への関与は、ロシアの国家安全保障と軍事の思想家たちの心の中で情報闘争に関してある程度の大きさを示している。戦略家の心の中では、情報の流れ、現実の認識に対する国内の統制を維持し、現実の意図的なイメージを海外に投射することが最も重要である。同じことが敵に対する情報優越にも当てはまる。本章の結論として、今日の相互接続された世界で戦略的目標を達成するためには、情報優越を獲得する能力が不可欠である。ロシアの体制はまたもや技術的な格差を認識しているので、他の手段で情報領域を統制することを余儀なくされた。このように、戦略的な欺瞞と意思決定の変更の技術はロシアの作戦術に再導入された。情報空間であるサイバー空間で戦略的な欺瞞を実行する能力は、国家安全保障と国防を確保する上での重要な目標の1つであることが証明されている。

情報優越および反射統制に対する
サイバー関係

　本章では、単一の情報空間の出現を対象として、この空間の活用がどのようにして全世界のパワーバランスの変更を可能にするかについて説明する。情報通信技術の拡大、知識の民主化、情報の共有を目的としたインターネットやその他のネットワークの普及により、これまでにない情報へのアクセスが可能になり、さまざまな選択や意思決定の手段が可能になった。

　200年前、対人関係および国際関係における主要な商品は情報そのものであった。情報を所有し提供する能力は大きな影響力であった。知識のある人々は、入手した情報を尊重し、利用することができた。しかし、データの保存はデジタル機器へと移行している。利用可能なデータ量は非常に大きいため、商品は情報そのものではなく、それを誘導して意思決定の目的を果たすために正しいものを選択する能力である。情報が不足していた過去の方程式は、データ量が豊富で、時にはサイズが莫大な状態に移行した。人々は情報を（クラウドに）保存し始めたため、それを携帯するのをやめた。将来には、大量のデータを分析し、関連性があり、重要かつ真実であるものを判断する能力が含まれる。この新たなパラダイムは、重要な情報を操作したり難読化したりするために混乱、情報の破壊および拡散を可能にする。これまでの章で説明したように、意思決定者は意識的な意思決定を行うために情報を必要としており、そのプロセスを混乱させる多くの方法がある。この目的が指揮統制能力を最小限に抑えるか、または無力化することである場合、その目的を達成する方法についてはさまざまな手法

がある。

　旧ソビエト連邦は軍事大国とみなされていたが、通常の軍事力に代わるものを求めた。冷戦中および 1990 年代初頭の数年にわたる資金不足[137] は、反射統制といった理論的かつ戦略的に不可欠な概念の進歩につながった。緊急の課題は、物理的および運動エネルギー的能力と従来の軍事力の代替手段を探すことだけではなく、ソビエト連邦、それから後にロシアが自ら見出した変化する環境に対処することであった。単一の情報空間の出現により、情報の流れと国民および意思決定者に対するその利用可能性を通じて国家と安全保障組織の優位性が脅かされた。競合する情報がこの体制の安定に深刻な派生的影響を与える可能性があるというのは、国内だけではなく国外でも真実であった。

　ロシアの戦略家たちはすぐに、この空間の支配者がその戦略目的を達成するためのカギを握っていた非常に小規模な過去の事例のように、全世界の情報空間あるいは統一された情報領域は世界規模のパワーバランスにとって脅威であると認識した[138]。認識を統制する人はだれでも、情報戦の重要性の評価に決定的な影響を与えて現実を統制することができるということである。

　ロシアの軍事理論家たちおよび戦略家たち[139]は、情報が国家的または戦略的資源になるという結論に達した[140]。情報技術の黎明と情報領域のやや無秩序な性質における情報の自由な拡散により、人々は情報に対して前例のないアクセスが可能となった。すなわち一般国民から最高意思決定者にいたるまでのだれに対しても、情報を検索し現実に対する自分たちの認識を作り出す際のさまざまな選択肢を与えている。

　社会の情報化は、コミュニティのあらゆるレベルの存在および組織的側面に浸透してきた。これには経済的、社会的規制制度および軍隊それ自体が含まれるため、この情報化は、チャネル、フィルタ、およびコンテンツに影響を与えることによって、統制する主体が情報優越を達成できるとい

う結論に至る。情報優越は、従来の大国のアセットに排他的に依存することなく戦略的目標を達成することにつながる。ロシアの戦略家たちは、情報優越を得た国々は、その後軍事力を使用する傾向があると考えている。[141]これは、統制する主体が現実の認識を統制して、その結果、認識された強制的な結果を形成することができるという彼らの信念による可能性が高い。また、軍事目的は、複雑な影響工作の支援によってより達成容易と見えるかもしれない。これは影響工作が軍事活動を補完するという立場であるが、ゲラシモフ大将によって提示された理論的アプローチは、非軍事と軍事の集合（コンバージェンス）が望ましく、採用されるべきであると述べることによって原動力を示した。

　情報作戦を反射統制に適用するのに適したサイバー空間の他の特徴は、国際法が存在しないこと、法的規制が少ないこと、攻撃に対する帰属特定がないこと、および法的強制力が低いことである。サイバー空間と比較して確固たる証拠が迅速に得られる物理的世界の特性とを組み合わせた事実上存在しない行動規範により、サイバー空間は、その増幅特性のためだけではなく、攻撃の身元と発信元を隠すさまざまな方法のために、影響工作の優先手段となった。犯罪でない場合は、起訴されない。国内の法的枠組みでは、サイバー犯罪、重要情報インフラ防護、およびサイバーテロに対する対応が異なる。サイバー空間のための国際人道法（IHL）と現在交戦規定を策定しようとしているだけの国々としか結び付けることのない中で、サイバー空間が情報窃取および情報攻撃のための成熟した不法な場所になったのは当然のことである。サイバー空間で犯罪を訴えられた個人の例は非常に少なく、個人的なもの（データの盗難や違法な禁制指向のもの）であるため、サイバー空間に移動したスパイ技術を追及するには、説明することがほとんど困難である。すなわち、このことは情報攻撃が成功するたびに政治的になりつつある。

　反射統制や影響工作といったサイバー空間の他の優位性とともに、低い

参入コストが重要な役割を果たしている。ここでの資源投資要件は、従来の軍事調達の要件とは異なり、桁違いに安価である。

　もう1つの側面は、統制する主体のために影響工作、すなわち敵対的コードや敵対的コンテンツによる情報攻撃を実行する代理者（プロキシ）の使用である。これらのプロキシは、間接的または直接的に統制する主体と関係している。しかし、マルクス・レーニン主義者がソビエトの情報作戦の背後にある推進理論のルーツを持っていることを考えると、皮肉なことには、需要と供給に依存する全体の市場を基盤とする経済が存在するということである。この市場では、人間のスキルを購入、習得、または賃借することができるだけではなく、情報を販売することも、対立する意思決定者のプロファイルを作成するのに役立つ個人データを収集することもできる。また、悪意のあるコードによる攻撃やその他のコンピューターネットワーク作戦のための脆弱性とエクスプロイト（攻撃コード）も販売されている。だれでも悪意のある活動のためにインフラ、つまり計算能力を賃借したり、購入したりできる。これは、プライベートプロキシや未知の対象も利用されていたが、行動のあらゆる側面を含むような規模では決して行われていなかった、情報活動を実施するという従来の観点からの大きな変化である。従来の軍事力と比較しても、統制する主体が私的な民間人に向けて民間人が闇市場で提供している火力のアセットを要求しているということは想像できない。それにもかかわらず、それはサイバー空間で起こっている。アセットが社会システム全体に影響を与えることができるようにすることを民営化および収益化することは、数回クリックするだけで完了する。

反射統制──サイバー関連例

コンピューター技術は、同じ目的を果たすことができる現代の時代に適応できる新たな方法を提供することによって、反射統制の実効性を高める。[142]

ロシアの軍事理論家たちの一人で情報作戦の著者であるS・A・コモフ（Komov）大佐によれば、情報作戦にはいくつかのフレーミング方法が記述されている。[143]彼は反射統制を「情報戦の知的方法」と呼んだ。[144]彼の調査結果によると、情報優越には２つのタイプ、すなわち定量的および定性的なものがある。第一の場合、量的な情報優越、すなわち従来の力の手段は、情報の量／可用性が重要であるときに目標を破壊するために利用される。第二の場合、知的な戦争方法が使用されているのに対して、反射統制により敵対者を操作する。[145]軍事目的は両方のアプローチの組み合わせによって達成される。目標となる脆弱性は必ずしも技術的性質のものではないということを繰り返し強調することが重要である。それらは死傷者への嫌悪感や不満の増大ということもあり得る。弱点は、技術的、ドクトリン的、組織的または文化的な性質のものである可能性がある。[146]しかし、今日利用可能な技術は完全な活用を可能にする。

コモフによって提示され、L・T・トーマス（Thomas）によってわかりやすく言い換えられた反射統制の要素は、動揺、過負荷、麻痺、消耗、分裂、鎮静、抑止、挑発、提案、および圧力であり、以下のとおりである。[147]

　「**動揺** (Distraction)：すなわち戦闘作戦の準備段階で敵の最も重要な

118

　場所（側面、後部など）の1つに現実または仮想の脅威を生み出すことによって、敵の賢明な意思決定を再検討させ動揺させて行動させる」

　2015年4月に、米国やEUを含む国際社会が進行中のウクライナでのロシアの軍事作戦行動についてますます懸念していたとき、モスクワの体制への圧力が高まっていた。国際的な関心をそらしモスクワの政権に向けた潜在的な対抗手段の圧力を減少させて、より重要性の高い脅威が国際安全保障の重要な政治課題の分野において浮上してきた。米欧の国民はウクライナにおける準軍事作戦よりもテロの脅威をより受容するという正しい認識に基づいて、サイバー空間での情報作戦として、攻撃がイスラム国のダーシュ（Daesh）によって行われたとされている。ダーシュのプロキシとして関係していたグループであるサイバーカリフ（Cybercaliphate）は、フランスのテレビ TV5Monde を攻撃し、11のチャネルすべてをダウンさせ、ソーシャルメディアアカウント、ウェブサイト、および TV5Monde 自体のインフラを占領した。この攻撃は、他の攻撃ベクター［訳注：サイバー攻撃の方法や経路］の中でも、特に、ダーシュの国力を誇示することになった。あるいは少なくともそれは、国民の関心を変え、政治的代表に圧力をかけ、ダーシュといったより切迫した問題に彼らの注意をそらせるという認識であると考えられていた。ダーシュが欧州を攻撃するという現実は、ウクライナでの彼らの軍事作戦に関してロシアの負担を減らすことにつながるであろう。攻撃に使用された技術基盤に関する状況証拠を介して、いくつかの専門家グループおよび報道機関がその攻撃をプロキシ集団 APT28 別名 Fancy Bear（別名 Sofacy group、別名 Pawn Storm）に[148]帰属するものだと特定した。この集団に割り当てられたツール、技法、および手順（TTP）は証拠として役立った。[149]

　これは、以前の軍事指向アプローチが同じ目的に合った民生用アプリケーションを持っていた方法の最初で最もよい例の1つであった。恐怖心

を育み、社会に対する現実または仮想の脅威を生み出すことによって、意思決定者の焦点を目の前の問題から変えることは明らかに容易であった。

*「**過負荷 (Overload)**：大量の矛盾する情報を敵に頻繁に送信することによる」*

　過去の過負荷は、意思決定プロセスを制限し、急いで準備された決定を強制するために、敵対者の指揮系統に多量の情報を提供する手段として役立った。現在のところ、それは依然として妥当な戦略であるが、情報処理装置のおかげで、技術により、とにかく対処するように指揮系統を制限することによって実行される妨害の技術的状況が提供される。誤った情報または矛盾する情報によるプロセッサ（人間、技術、知的）の過負荷はうまく機能する。技術的な観点からは、指揮統制系統に対して不可欠なサービス拒否（DoS）攻撃の実行は、もう1つの種類の過負荷を招く。2014年8月に、CyberBerkutは、DoS攻撃を使用してヴェルホーヴナ・ラーダ（Verkhovna Rada）、すなわちウクライナ最高評議会の携帯電話を攻撃し[150]、また分散DoS（DDoS）攻撃[151]を使用して5億を超えるウェブベースの情報源を攻撃したとされている。

*「**麻痺 (Paralysis)**：重大な関心事または弱点に対する特定の脅威の認識を生み出すことによる」*

　2014年2月28日金曜日に、身元不明の制服要員が国営電気通信プロバイダー Ukrtelecom のいくつかの重要な電気通信ノードを蹂躙し、光ファイバーバックボーンを含むインフラを物理的に損傷した。それに加えて、携帯電話が妨害されて、クリミア半島の通信を不通にした。2日後、セバストポリ（Sevastopol）海軍司令部の電力線と通信インフラへの攻撃が

行われ、通信が切断され、指揮統制が中断された。また、ウクライナの治安機関長は 2014 年 3 月 4 日に、国会議員と他の意思決定者との間の通信を妨害する機器が、それらの間のつながりと国家安全保障危機時の調整能力を無効にしたと発表した。しかし、携帯電話への攻撃前に、固定電話への影響もあり、意思決定者は Ukrtelecom ノードへの未知の機器の設置によって危うくされた携帯電話の覆域に目を向けるように駆り立てられていた。これは定量的および定性的な情報優越のコモフの組み合わせの古典的な例である。¹⁵²現場の現実を理解するのに役立つどのような情報交換も拒否する通信ネットワークの侵害、および他の通信手段を侵害する場合の定性的手段の使用のいずれでも、インフラを使用できるかどうかについて意思決定者に事実上疑問を残した。

> 「*消耗（Exhaustion）：敵に無駄な作戦を実行させ、それによって少ない資源で戦闘に突入させることによる*」

　もう 1 つの例は、潜在的なネットワーク防御を排除するために、国家的意義または犯罪的影響を持つインシデントに対するサイバーセキュリティに費やされる能力を消耗させることである。政府は、サイバー犯罪またはサイバーセキュリティインシデントの調査を中止することはできないが、これまでにない数の事件やサイバー犯罪活動を増加させることにより、政府の対応能力を効率的に消耗させることができる。クリミアとウクライナ東部でのロシアの軍事作戦の前に、キエフ［訳注：ウクライナの首都］からの高官がサイバー犯罪を担当しているという証言に基づいて、ロシアは日常的にサイバー犯罪に関してウクライナと協力した。この協力はロシアの制度と五十歩百歩であるが、無意識に組織、階級、個人と責任、および意思決定アルゴリズムを理解することにつながった。しかし、いったん軍事作戦が開始されると、法執行機関およびサイバー犯罪部門がクリ

ミア半島で保有していたアセットの一部は本部との通信を停止し、このス
キルセットを持つ少数の人々だけしかこの地域で利用できなくなった。サ
イバー犯罪事件の急増は、サイバーセキュリティとサイバー犯罪対策能力
を消耗させることになった。ロシアの元パートナーからの沈黙により情報
が入らなくなった。政府高官が述べた一例では、ウクライナの法執行当局
はモスクワにあり、そして、違法で悪意のある活動に使用されていたイン
フラに関係する訴訟でロシアの対応当局と協力した。しかし、法執行機関
の活動によって物理的に特定の地域に限定されたサーバーは、クリミアを
占領するという軍事作戦行動が開始された後に消滅した。サーバーは最終
的に再び遠隔地に出現し、ウクライナに対するサイバー攻撃を実行するた
めに使用された。ウクライナの法執行高官は非公開の面談で情報を提供し
た。153

　消耗は主に軍と部隊のために意図された。しかし、境界線がぼやけてい
るため、軍事作戦に参加するために戦闘準備命令を受けたサイバー指向の
法執行官と老兵のスキルセットも、戦闘準備命令を受けた文民アセットの
消耗の影響をもたらした。

　　「*欺瞞（Deception）：戦闘作戦の準備段階で敵に部隊を脅威地域に再
　　配置させることによる*」

　敵対行為や軍事作戦の場合の欺瞞は歴史を通してよく知られている概念
である。電子戦は、通信を妨害し、敵に部隊を配置するように誘導する弱
点についての誤った証拠を提示する、すなわち、特定の場所が部隊の側面
または背後を弱めることにつながる脅威にさらされているという意思決定
の過程で誤った前提を作り出すために、数えきれないほど何度も使用され
てきた。新たな能力は、欺瞞的なメッセージ伝達の伝播者として技術を使
用して、欺瞞の軍事作戦の範囲を広げることができることである。指揮官

は現場からの情報に頼らなければならないので、妨害された通信により結局自らの情報源を豊富にするために他の情報源を使用するであろう。これは、オープンソースまたは保護されていない暗号化通信チャネルを使用する場合である。指揮官や意思決定者を安全性の低いまたは合法的ではあるが機能している情報源やチャネルを使用するように変えるよりも、技術的にあるいは危うくされているという認識を作り出すことによって、通信を妨害したりまたは遮断したりする方が簡単である。誤ったメッセージの注入と過負荷の組み合わせは、誤った結論をもたらす欺瞞的な情報を提供するか、または知的レベルで誤ったメッセージと過負荷要素を組み合わせて意思決定の時間枠を浪費させ、また統制対象の優位性に対してあいまいな状況を作り出すのかによって、意思決定アルゴリズムに歪みを生じさせる。指揮統制系統における意思決定プロセスを効率的に妨害することによって、統制する主体は情報優越を達成し、それは戦場の情報統制をもたらすことになる。反射統制の概念を考えて、指揮統制のメカニズムを特定したならば、統制する主体は、統制目的によって実行する所定の意思決定につながる欺瞞要素を生み出すことができる。そのような活動や虚偽の報告が多い例には、次に示すものがある。①敵軍（この場合はロシアの特殊部隊）を排除すべき場所で発見された部隊の言葉。②規模、強さ、または戦闘即応性と利用可能な装備についてのクリミアからのフェイクニュース。この混乱により、対抗する軍隊によって放送された偽の無線送信、地上での状況の誤った認識、およびユニットと大隊との間の通信に使用される携帯電話の妨害またはハッキングによって、ウクライナ軍は待ち伏せ場所に誘い込まれた。欺瞞は目新しいものではないが、過去数十年間の技術の進歩はその優位性の新たな次元を切り開いてきた。

　*「**分裂（Division）**：連合の利益に反して行動しなければならないと敵に確信させることによる」*

　この要素は、文民の意思決定のために転用されたものであり、国民と内閣連立政党を離反させる大きな可能性を秘めている。それは、連立政党間に不信感を広め、社会内の歴史的な不満を悪用することによって、意思決定と行動に対する支持を弱体化するのに役立つ。この分裂はまた、ラテン語で「Divide et Impero」（分裂とルール）として最もよく説明されているよく知られた概念であり、いったん意思決定組織の結束または国民の支持が揺らげば、統制する主体は統制対象が協調して行動する能力を弱体化することができる。パートナーを疎外し社会への不信を広める1つの方法は、選挙人を対象にするのか、または歴史的不満を拡大するのかによって、あるいは以下の事例のように、NATO加盟国であるエストニアとウクライナの間の関係を害するのかによって、それぞれの当事者を怒らせる目的で虚偽の情報を主張することである。

　2015年4月26日に、親ロシアの報道機関RT[154]に関する記事によると、エストニアのタリンに拠点を置くNATO共同サイバー防衛センター[155]がMirotvorce Webページの設立と技術支援に関与したとの非難を読者に発表した。この疑惑はRTニュースチャネルによって提起され、CCD COE（サイバーセキュリティおよびサイバー防御知識の影響力のある知的および技術的な情報源である）は、ウクライナのテロサイトに関与していたという認識を生み出し、NATOがそのサイトの運営に直接責任があるということを示唆している。このサイトは、他の目的の中でも、いわゆる国家の敵のアグリゲーター［訳注：他のサイトから製品やサービスの情報を集めて公開するサイト］としての役割を果たし、キエフの当局は国家の敵とみなす人々に関する詳細な情報を提供することに反対していた。RTによる報告は、NATOがこのウェブサイトを支持し、政府の公式方針に賛成していないジャーナリスト、活動家および議会の議員を対象としているという認識に向けて聴衆に影響を与えようとしていた。NATOとエストニアのセンターを含めるこ

とにより、国内問題における国際的な干渉が起こっていて NATO によって支持されているという国民の間での不安を煽ろうとしていた。また、この記事には、キエフ・フンタ（Kiev junta）（キエフクーデター政府）のラベル付けと完全なファシズムの告発もあった。この報告に対する公式の抗議の後、RT は記事のページに訂正を出したが、その記事をそのまま残し、改訂では言い逃れの言葉を選択した。

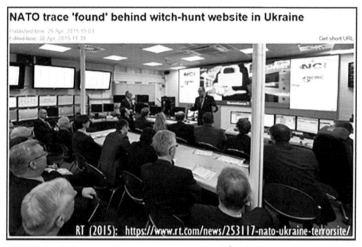

NATO trace 'found' behind witch-hunt website in Ukraine

Published time: 26 Apr, 2015 15:03
Edited time: 30 Apr, 2015 11:33

Get short URL

RT (2015): https://www.rt.com/news/253117-nato-ukraine-terrorsite/

CORRECTION: After a thorough revision of the published story we have found out that the domain name Psb4uKr.ninja, which was claimed to be registered by NATO CCDCOE, is a mirror of the original Mirotvorec website. We admit that we cannot confirm any credible link between NATO's Cooperative Cyber Defense Centre of Excellence and Mirotvorec.

Trends
Ukraine turmoil

NATO's Cooperative Cyber Defence Centre of Excellence – CCD-COE has reportedly been exposed as providing technical support for Mirotvorec, a website of Ukrainian nationalists running 'enemies of the state' database.

The information available at DomainTools, *'the leader in domain name, DNS and Internet OSINT-based Cyber Threat Intelligence and cybercrime forensics products and data'*, is decisive: the registrant of the Mirotvotec website is 'NATO CCD-COE' and its employee 'Oxana Tinko', operating from Estonia's capital Tallinn. The address of the registrant coincides with the address of CCD-COE: Filtri tee 12, Tallinn 10132, Estonia.

Screenshot from http://whois.domaintools.com

In March 2014, there were media reports that 16 employees of CCD-COE were detached to Kiev to provide cyber security support to Ukraine.

The hacktivist group CyberBerkut, which has been opposing Kiev authorities from the very beginning of the unrest in Ukraine in 2013, claimed responsibility for taking down three NATO websites in a series of DDoS attacks a year ago. CyberBerkut claimed it brought down NATO's main website (nato.int), as well as the sites of the alliance's CCD-COE cyber defense center and NATO's Parliamentary Assembly.

The hacktivists claimed that they are countering the action of the so-called 'Tallinn cyber center' or NATO Cooperative Cyber Defense Centre of Excellence, which has been hired by the *"Kiev junta"* to carry out *"propaganda among the Ukrainian population through the media and social networking."*

RT (2015); ibid.

「*鎮静（Pacification）：攻撃準備よりも事前に計画された作戦上の訓練が行われていると信じるように敵を導き、それによって敵の警戒を減らすことによる*」

　従来の軍事作戦行動では、軍事演習は差し迫った攻撃作戦行動の準備段階ではないと敵に信じさせることが不可欠である。敵の部隊や指揮官の警戒を減らすことは、奇襲の瞬間を利用するためのカギである。しかし、鎮静は心理的な目的にも役立つことができる。ウクライナの戦争で荒廃した地域の住民は、自分たちの携帯電話でメッセージを受信していた。ラジオ放送でさえ、受信者と聴衆に心理的圧力をかけていたと報告されている。そのような活動は、部隊の強固な意志を制圧すること、または一般国民を脅かして威圧することを目指している。メッセージの中には、当時のウクライナ軍の兵士たちの家族を標的としたメッセージがあり、子供たちが死んだか、必然的に殺されるかのいずれかであることを伝えていた。繰り返しになるが、決心を抑え、戦う意志を損ない、軍事作戦そのものに対する拮抗的な感情を広めることは、新たな技法ではない。しかし、携帯電話や関連技術の普及に伴い、「ピンポイント宣伝」という用語がピークに達した。過去には、地理的要因、ならびに鎮静メッセージの伝達の言語学的および技術的限界が、宣伝と放送を規定していた。影響を受けると判断される区域の上に、チラシが無差別に投下された。今日では、モバイル技術、正確な場所の特定、メッセージの送信時間の選択、および他の予定されている活動とともに受信者にすぐに影響を与えるというやり方は、非常に価値がある。しかし、この技術はさらに以下のことを可能にする。基地局シミュレータは、脅威と偽情報を伝えるメッセージを送信する。このシミュレータは、携帯電話の位置から所在を監視して起訴できる情報（インテリジェンス）を入手するための法執行機関または情報機関による監視ツールとして機能する携帯電話、すなわち GSM ネットワークの一部であるこ

とを模擬している。クリミアと東ウクライナの場合、この基地局シミュレータは IMSI キャッチャーと呼ばれている。それらは「中間者」タイプのツールとして機能し、携帯電話とサービスプロバイダー（携帯電話会社）の実際の基地局との間で干渉し、情報を取得する。IMSI は International Mobile Subscriber Identity（国際移動体加入者識別番号）の略で、ネットワーク内の特定のモバイルデバイスを識別し、それらを標的にすることを可能にする。兵士が撤退するべきであるのか、あるいは死ぬべきであるのかを示すメッセージのコンテンツは、2014 年の敵対行為の勃発以来、単独で標的の携帯電話に無線で送られた。

　また、一部のメッセージには、他の部隊から来ているかのように偽装されており、その地域の指揮官の間での脱走の情報も含まれていた。仲間の兵士から来ているように見られるメッセージも記録されていた。ウクライナの国家当局は、メディアに対して当時の国家サイバー警察部長であったセルヘイ・デメディユク（Serheyi Demedyuk）大佐の声明を通じて、この種類の情報戦を認めた。[156] 統制対象は、空から落ちてくるチラシよりも自分の携帯電話に到着するメッセージにもっと注意を払いがちであるので、特定の標的グループに対するオーダーメイドのメッセージを受信することの影響が存在する。2015 年の『ロシア軍事レビュー』の論文によれば、[157] トラック搭載型電子戦システム LEER-3 は、基地局サービスを模擬する能力を備えた無人車両で、広域 6km の 2000 台の携帯電話を乗っ取る能力を持つ IMSI キャッチャーとして機能している。オープンソースのインテリジェンスアナリストのボランティアグループであるインフォームナパーム（Informnapalm）は、ロシア軍が運用する LEER-3 プラットフォームに関する記事と占領されたドネツク（Donetsk）〔訳注：ウクライナ東部のドネツク州でロシア連邦への編入を求める分離・独立派が独立を宣言した地域〕の電子戦システムの位置を示す写真やビデオで、この主張を詳しく説明した。[158]

「抑止（Deterrence）：無敵の優越性の認識を生み出すことによる」

　抑止は、いくつかの手段、すなわち無敵の優越性に対する認識を促すことによって達成することができる。ウクライナでのロシアの侵略に直面して、米国海軍はイージスシステムを装備したアーレイバーク級駆逐艦を黒海に派遣した。米国海軍艦船「ドナルドクック」は国際水域にあった。このイージス戦闘システムは、高度な戦闘プラットフォームおよび弾道ミサイル防衛システムの一部である。戦闘、水中、水上、空中／宇宙の監視および脅威のターゲティングにおける意思決定のための情報（インテリジェンス）を提供し、水上艦艇、戦闘機、および地上兵器プラットフォームといった異なるプラットフォームにわたる複数の兵器システムによる精密打撃を調整する。したがって、このような重要なシステムの脆弱性を暴露する能力は、技術的優越性の認識の刺激的な例であり、潜在的な抑止としての役割を果たす。敵対行為や直接の戦闘活動に関与せずにそのような優位性を促進するためには、電子戦のデモが適切な選択肢となり得る。電子戦は、通信を抑制したり、妨害したり、欺瞞したり、あるいは電子システムの意図された機能を破壊したりするための強力なツールである。電子戦システムでイージスシステムを停止することは、国際社会だけではなく、国内の視聴者にとって強力なシグナルとなるであろう。実際、この考え方の目的達成の道はすでに 2014 年から続いている。

　2014 年 4 月に、伝えられるところによると、米国海軍艦船「ドナルドクック」は妨害され、その高度なイージスシステムが動作不能と判断され、駆逐艦の戦闘能力が完全に無力化されたとされている。この事件の報告によると、ロシアの SU-24 がこの艦船の上空を通過し Khibiny 電子戦システムを使用した後に、アーレイバーク級艦船が停電で海上に停船していたと説明されている。対艦ミサイルを搭載することができる航空機である SU-24 は、その優越性を実証するためにいくつかの飛行試験を行った。

報道によれば、それは「ドナルドクック」の即時のリコールにつながり、乗組員に深刻な心理的影響を与えた。この事件の報告は、親ロシアの報道機関、オンライン、印刷物、ラジオで流布された。それは西側のタブロイド紙によってより懐疑的に報告されていたが、代わりの偽のウェブサイトの分野への道を作った。この物語は2014年に最初に発表され、2017年に再登場した。無力化は優越性を実証するための完璧な例となり、技術的な優位性を通して抑止力を高める。この事件は決して起こっていなかったが、それは繰り返し正体を暴露されたにもかかわらず、広く報告され、取り上げられ、また意図された影響を与えた。[159]

　偽情報の作成、国内の視聴者に対して欺瞞行為を働くこと、また国際社会が決して起こっていない事件に意図的に誤って誘導されることを適切に詳しく説明するために、この著者は時系列の観点から出来事を調べている。この分析は、Digital Forensic Research Lab が起こしたこの事件を支持し、より詳細に説明している他の著者の調査結果に基づいている。[160]

　アーレイバーク級駆逐艦「ドナルドクック」が2014年4月10日に黒海に入った。4月12日に、ロシアの軍用機 SU-24、すなわち NATO のコードネームである「フェンサー」(Fencer) が接近通過および艦船上空飛行を数回行った。4月14日に米国国防総省は、接近通過し艦船に対して応答しなかったことについてパイロットがコメントする行動を非難する声明を出し、それを挑発的な行動と呼んだ。[161] 4月17日は、おそらく最も不器用なパロディが著者の見てきた偽情報の例に変えられた最初の日であった。ポータル Fondsk.ru に、ロシアの SU-24 がどのようにしてイージス搭載艦を無力化させたかについての記事が最初に掲載され、その後、いくつかのソーシャルアカウントに再投稿された。この記事の文言は、この物語の後続の繰り返しで役割を果たす。しかし、元の記事は米国海軍を嘲笑することを意味して、そのウェブサイトの「意見」部分の風刺記事であった。2日後、同じ記事が別のウェブサイトである freepress.ru の「ユーモ

ア」部分に掲載された。[162] この記事は、SU-24 に搭載された Khibiny と呼ばれる高度な電子戦システムが艦船の中にあるすべての電子機器をダウンさせたことが原因であると示唆した。興味深いことに、意見の一部は「ドナルドクック」の乗組員の一人の観点からの手紙として書かれた。現時点では、電子戦の展開に関する記事は、ソーシャルメディアに関する偽の記事として二度しか掲載されていない。それにもかかわらず、それは国営の宣伝機械であるスプートニク（ロシア政府が認可し、資金を提供した宣伝ニュースチャネル）の注意を引き、スプートニクはそのドイツ語版で、[163] ロシアのメディアやブロガーから物語を仕入れて、SU-24 が高度な電子戦兵器を使用して米国の駆逐艦を無力化したと報告した。

　興味深いことに、米国海軍艦船「ドナルドクック」が中心的な役割を果たしたという話は、novorus.info ポータルでもう 1 つの道をたどり、ウクライナ東部の分離主義者とつながっていた。

　この物語は、27 人の乗組員が SU-24 の接近通過の直後に辞任したと主張した。古典的な戦術を使用して、このレポートは実際には、辞任については何も述べていないロイターの物語を引用した。この目的は、重視される情報源を紹介することによって聴衆を混乱させることであり、それによって電子戦事件とはまったく関係のない novorus.info の物語を正当化した。

　4 月 30 日に、新たな立法および法令を公表するための公式のロシア政府が運営するニュース報道機関であるロッシースカヤ・ガゼタ（Rossiyskaya Gazeta）に、別のチャネルを介してもう 1 つの大量の偽情報が出現した。このメディアはロシア政府の完全な統制下にある。[164] この記事は、イージス艦が Khibiny システムによって停止され、艦船が戦闘作戦を遂行できないようにされたため、乗組員が辞任したこと、またルーマニアの港に駆け込んで「精神状態を一緒に調べる」ことを主張した。これまでに、接近通過の事件は広く引用され、報告されており、国防総省のプレスリリースなどの情報源やロイターの疑惑を確かにする報道を引用しながら、電子戦攻

撃と部隊の辞任に関する偽情報部分を紹介する枠組みとして役立った。しかし、リバースソーシングを検証するために溯って考える読者は多くなかった。9月13日に、あいまいなウェブポータルのVoltaire.netがロッシースカヤ・ガゼタの物語を取り上げ、それをスペイン語版に翻訳した。陰謀説を広め、イラン政府とシリア政府を支援するために使用されたポータルであるVoltaire.netは、現在の形態でレバノンに設立され、香港で登録を主張している。このポータルは、ウェブサイト、オンラインTV、RSSフィードといったさまざまなチャネルを通じて、陰謀説と反西側の宣伝を広める。この記事は当初ロシア語からスペイン語に翻訳されたが、その後数週間以内にフランス語、ポーランド語、イタリア語、アラビア語、ドイツ語、およびポルトガル語に翻訳された。英語版は2014年11月に発行された。下記を参照されたい。

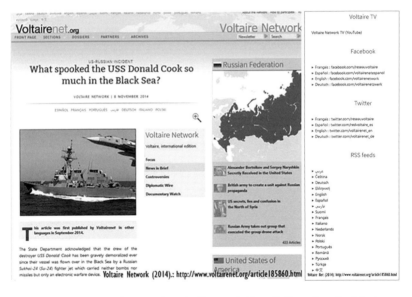

Voltaire.netに英語版で記事が掲載された後、代替のまったく無名のメディアが取り上げた。次に示すInfowarsといったポータルである。

RUSSIANS DISABLE U.S. GUIDED MISSILE DESTROYER

Incident skipped over by the Pentagon-friendly corporate media

Kurt Nimmo | Infowars.com - NOVEMBER 13, 2014

IMAGE CREDITS: US NAVAL...EDERWIGHT, WIKIPEDIA COMMONS

Info Wars (2014): https://www.infowars.com/russians-disable-u-s-guided-missile-destroyer/

Read Why the USS Donald Cook Crapped It's Pants and was 'gravely demoralized' in the Black Sea

page: 1

32

StopThaZionistWorldOrder

posted on Nov, 14 2014 @ 02:49 AM

The real story that the MSM covered up with a bogus one is that the Russian plane flew over the US ship in the Black Sea with no weapons except for a basket with an electrical weapon; it turned off the entire electrical system of the USS Donald Cook (all-powerful Aegis system) and then the Russian Su-24 proceeded to conduct a simulated missile attack 12 times before flying away...then the traumatized USS Donald Cook immediately left and 27 sailors from the USS Donald Cook requested to be relieved from active service. No US ship has ever approached Russian territorial waters again. Apparently the more sophisticated the electrical system, the easier it is for the Russian EMP technology to do it's job.

FULL STORY HERE

& ON INFOWARS TODAY!
www.infowars.com...

Above Top Secret (2014): http://www.abovetopsecret.com/forum/thread1042109/pg1

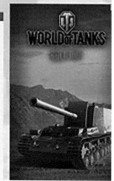

　2014 年 11 月下旬までに、情報工作にパロディ物語を使用して、スプートニクやロッシースカヤ・ガゼタのようなメディアを利用しようとしたが、その物語はニュースの陰謀側だけに終わり、これはロシアの体制による失敗した試みである可能性がある。

　2015 年 3 月 26 日に、Khibiny システムの製造元である KRET（Concern Radio-Electronic Technologies）は、自社製品を宣伝する公式記事を発表し、「Khibiny システムを用いた SU-24 爆撃機による有名な 4 月の黒海での米国海軍艦船「ドナルドクック」攻撃はなく新聞のでっち上げであると言われている」と述べている。電子戦システムの製造元は、Khibiny システムは SU-24 に搭載できないと述べた。

　決して起こったことがなかった事件の最初の報告からほぼ正確に 3 年後の 2017 年に、この物語は再び電子戦システムを使用した米国海軍に対するロシアの技術的優位性についてメッセージを出して自慢するために持ち上げられた。兵器システムの製造元によるものも含め、何度も正体を暴露されたにもかかわらず、2017 年 4 月 15 日に、それはそれにもかかわらず再浮上した。ロシアの国営テレビ Rossiya-1 は、ロシアの電子戦の進歩の進展についての物語を放送した。その報告のメッセージは、ロシアが自らを防衛し、敵の軍事装備を破壊する能力（一撃ではなくプラットフォーム全体）を持っているというものだった。これはロシアの軍事産業複合体の創意工夫によるものである。テレビチャネルは、Khibiny システムの有効性の証拠として、2014 年からの米国海軍艦船「ドナルドクック」の事件と SU-24 との出会いを提供した。テレビの報道は、以前に正体を暴露されたソーシャルメディアの投稿とその情報源である fondsk.ru を使用した。実際、国営テレビチャネルは、その事件について視聴者に知らせ、fondsk.ru のパロディ記事を一言一句違わずに引用し、真剣に提示された背景情報を伴って、この出来事を米軍の最先端のターゲティングシステム

が克服できない優越性の事実として述べている。Vesti ニュース番組は、電子戦を使用するロシア軍を示すファイルからのカメラショット、また視聴者にどのように強力なイージスが敗北したかを語っている解説付きの駆逐艦級艦船のカメラショットを使用して、関連する事実と捏造された物語を混ぜ合わせるといったレポートの信頼性を高めるための多くの技法を使用した。また、実際には米国側から、権威のある人物、すなわち米空軍の元米欧州軍司令官であるフランク・ゴレン（Frank Gorenc）大将の声明は意図的に挿入され、「ロシアの電子兵器は米国のミサイル、航空機および

Electronic Warfare: How to Neutralize the Enemy Without a Single Shot

18,697 views

艦船に搭載された電子機器の機能を完全に麻痺させる」と主張した。[171]

　この報告は、英語字幕付きの Youtube ストリーミングサービスで利用可能である。[172]

　確立されたロシアの宣伝チャネルからの報告は数日以内に国際的に伝播した。外国メディアのプロ意識は、SU-24 がイージス装備艦船をノッ

クアウトしたというニュースをどのように報じたかによって明らかにされた。『Sun』や『Daily Express』といった英国のタブロイド紙は陰謀のウェブサイトに参加し、さまざまなグレードの懐疑論を持ってこの事件について熟考した。[173] このニュースは『Fox News』といった米国の主流メディアでも取り上げられ、後に『Washington Post』と『New York Times』によって検討された。後者は、どのようにして偽の物語が情報領域に現れたのか、またどのようにして『Fox News』がそれをいくぶん伝播させたのかについて説明した。[174]

　問題は、いくつかの西側のメディアが懐疑論の有無にかかわらず、まったく宣伝であったかもしれない情報源からの記事を発行したという事実ではなかった。この問題は、偽情報を拡散するために使用する代替および陰謀の通信チャネルによるさらなる普及と正当化のために、銀の円盤状の記録媒体で事件の報道を配布したということであった。チャネル、言語学、決して報告されていない出来事の逆引用、誠実な陳述の難読化、裏付け情

報として操作されストリーミングされたビデオ記録、権威ある専門家の意見を伴う公式の資料は、すべて情報の心理的および認知的処理に関与する。情報源間の相互支援を伴うさまざまな言語の変更で、世界中に光速で普及させること——これらの手法はすべて、横断的正当化、すなわち奇妙なウェブサイトやマスメディアへのストリーミングアカウントから主流に至るまでの段階的な意味の向上を実現する。

　横断的正当化の技法は、デジタル時代に目新しいものではない。たとえば、ソビエトの影響工作に関する米国国務省報告書[175]で注意深く分析されたエイズの起源に関する偽情報は、どのように一部の自覚的影響力行使者が用いられたのかを示し（この物語のブースターとして役立つ準専門家、第三世界新聞といった行使者は自分たちの役割を果たした）、またどのように興味深い記事がソビエトメディアによって引き継がれて、その物語が最終的に西側メディアに届いたのかを示した。

　政府が後援する親ロシアの情報源によって捏造され、充実され、また伝播された現在の偽情報の発生は、優れた偽情報の例の中にはない。正体を暴露することを可能にした無能さと不器用さ、および最初の発表から3年後にすでに正体を暴露された物語を復活させるという決定は、想像力と技術の欠如を示している。

　公然外交と積極工作による影響力に関するスウェーデンの研究は次のように述べている。ソビエトの宣伝のように、今日のロシアの公然外交もまた大きく矛盾している可能性がある。西側は弱いと言葉で描写されているが、同時にロシアに対して実存の脅威に近い。欧州は難民に対して外国人嫌いであり、これほど多くの難民が庇護を求めることを許していることに対してばかげていると説明している。しかし重要なのは、対象グループに一貫した代替の物語を提示することではないかもしれない。スプートニクといったツールもまた混乱を広げ、不和を助長するという目的を果たすことができる。さらに、スウェーデン語のスプートニクは、いくつかの例外を除い

て、既存の報道機関からの既存のニュース記事の書き換えに頼っていた。[176]

　それにもかかわらず、利用可能な偽情報の例は我々にロシアの体制がその処分にどのようなツールを持っているのか、また偽情報を促進するのにどのように活動するのかについての洞察を与えてくれる。現代の技術と心理的影響に基づく経路、方法、情報源の多様性および伝播は、偽情報の認識と分布を形作るのに役立つ。他の例では、それほど簡単には暴けないかもしれない。

　　「*挑発 (Provocation)：敵対者に不利な行動をとらせることを強制することによる*」

　挑発は一般に多くの情報活動の根底にある要素である。それは標的とする対象の状況を粉砕し、新たな状況を作り出し、また望ましい影響を達成するために圧力をかけるのに役立つ。挑発は、直接的および間接的といったさまざまな形態のものでもあり得る。

　間接的な扇動を実現するには、同僚や家族といった対象に近いまたは関連する対象のグループが関与する。直接的な挑発は、挑発的行動からなる活動が直接的に対象を標的としているときである。たとえば、脅迫メールである。不愉快な情報は同僚の間で対象の立場を傷つけたり、あるいは既知の弱点または発見された脆弱性を悪用したりすることによって心理的圧力がかかったりする。挑発のコンテンツがその役割を果たすだけではなく、親密な援助者、家族、信頼された仲間またはチャネルといった情報提供方法も不可欠であり、よい結果を達成することができるので、心理的影響および圧力は挑発において中心的役割を果たす。たとえば、対象がなじみのない人と一緒のだれかによって挑発的な行動が表明されている場合、それは却下される可能性がある。しかし、挑発的な行動や活動が信頼され尊敬されているだれかによって実行されている場合、その挑発の性格は同

じであるが、その影響は異なる重大さを持つ。

　したがって、挑発に使用されるチャネルとツールは、挑発それ自体と同じ重要性を持つ。デジタル時代の配信と配布の方法は、一見無関係であると思われるいくつかのベクターを介して多数の対象を標的にしたり、個人を攻撃したりすることを可能にする。これは、報道機関への情報漏洩、またはソーシャルメディアやオンラインメディアへの圧力によって支えられている挑発活動の人的資産を使用することによって達成できる。

　2014年10月24日に、CyberBerkut（ロシア連邦を代表してウクライナ中央政府、NATO、および西側企業をハッキングする組織化された親ロシアのハクティビスト集団）が、ウクライナの首都キエフのダウンタウンでデジタル掲示板のハッキングを行った。チャネルのタイミングと選択は重要であった。

　ポロシェンコ（Poroshenko）大統領は、選挙が10月26日に行われることを宣言した。この投票はヴェルホフナ・ラダ（国会議員）の権力を変えることになっていた。なぜならば、それはポロシェンコが政治勢力を統合してヤヌコビッチ（Yanukovich）元大統領の国会議員を追放したかったためであった。

　進行中の軍事作戦行動とクリミアの併合により、ウクライナのいくつかの地域は選挙から除外された。キエフの中央政府と戦っているCyberBerkutは、それを口実として、敵対的コードと敵対的コンテンツから構成されるサイバー攻撃の根本的なメッセージの1つとして捉えた。その目的は、一般国民をキエフの政治エリートから疎外させ、普通のウクライナ人や兵士との距離を見せることであった。この攻撃では、トラフィックのピーク時に複数の掲示板を使用して、できるだけ多くの人々を挑発的なコンテンツにさらした。ハッキングした掲示板により、反ロシアの政治指導者たちの写真と、最前線や集合墓地の扇動的な文章や血みどろの写真とともに、選挙人たちに対してこれらの政治家が自分の国民と戦っていることを示した。[177]この掲示板はこれを数時間表示した。[178]

'Cyberberkut' hacked Kyiv billboards　　CyberBerkut (2014): https://cyber-berkut.org/en/olden/index2.php

　静的な掲示板空間は、政治的なアジェンダを促進するために一般的に使用されている。それにもかかわらず、デジタル掲示板を使用することで、攻撃者はビデオ映像を示し、政治家や一般の人物の写真とそれを結び付けて認識の変化を引き起こすことを可能とした。表示された人物は、流血の写真に結び付けられていた。心理的には、それは感情的なレベルで選挙人に影響を与えたかもしれない。すなわち、それがハッカーの目的であった。デジタル掲示板をハッキングすることはさまざまな目的のためにいくつかの国で行われる人目を引くための行為となり、そのため研究者はDefCon[179]会議でこの種の攻撃について発表を行った[180]。この掲示板のようなデジタルマーケティングツールを使用して、大量の対象に影響を与えることが増加すると予想される。

　選挙直前の選挙人を対象としたこの種の挑発は、それ自体で挑発ではなかった（その意図が認識、場合によっては選挙結果を変えることであるのは明らかである）。

「*提案（Suggestion）：法的に、道徳的に、イデオロギー的に、また
は他の分野で敵に影響を与える情報資料を提供することによる*」

　提案は、敵対者に偽造物を提供して決心を弱体化させるのか、あるいは
敵対者の目標に不利な情報資料または認識を敵対者に提供するのかによっ
て行うことができる。その代表的な例の 1 つは、国防省で働いていたウ
クライナのプシェンコ（Pushenko）大佐の CyberBerkut によって行われた
とされるハッキング[181]である。実際、この大佐の E メールがハッキングさ
れ、脱走したウクライナ人兵士の数に関する偽造文書がインターネット経
由でメディアに漏洩したとされている。これは、部隊と社会の士気を弱め
ることを目的とし、クリミアや東ウクライナの民兵によって引き継がれ
た多数の脱走兵とまた失われた軍用機器の量を示していた。CyberBerkut
はそれを詳細に次のように説明している[182]。

　　また、この大佐は軍用車両の大きな損耗を報告している。それら
　のほとんどは、ノヴォロシアの志願の軍隊によって鹵獲された。6 月
　20 日から 7 月 20 日までの 1 カ月の間だけ、懲罰者は志願の軍隊に
　多数の武器庫を「贈与」した。すなわち、歩兵戦闘車（BMP）19 両、
　装甲兵員運搬車（BTR）11 両、自走砲（SAU）2S1 Gvozdika（M1974
　NATO インデックス）11 台、マルチロケットランチャー（RSZO）BM-
　21 Grad（M1964 NATO インデックス）12 機、榴弾砲 D-30 5 台、82
　mm 口径臼砲 16 台、対空砲架 ZU-23 2 台および砲兵トラクター
　（AT）5 台である。

　提案の二番目の例は、非常に扱いにくいとはいえ、公開されたビデオで[183]
あり、ウクライナのルガンスク空港で米軍 FIM-92 ストリンガーの発見[184]

を主張している親ロシア分離主義者（ルガンスク人民共和国）によって公開された[185]。このビデオの映像は、米軍がウクライナ軍に違法な軍事物資を提供しているという証拠を提供したと考えられていた。その映像には、米軍の碑文が描かれた木製のケースと、米国国防総省からウクライナに提供されたとされる FIM-92 スティンガーが登場した。しかし、ビデオに描写されているスティンガーは、ビデオゲーム Battlefield 3 のスティンガーと同じスペルミスを抱えており、疑問を提起している。ここでの提案は 2 つあった。すなわち、第一は米国がウクライナ軍に致死的な軍事装備を秘密裏に提供していること、第二はこれらの武器がこの地域の文民に対して使用される予定であることだった。。

「*圧力 (Pressure)：国民の目には政府を信用できない情報資料を提供することによる[186]*」

2014 年 10 月 25 日に、ヴェルコブナヤ・ラダの国会議員選挙が行われたとき、CyberBerkut はウクライナ中央選挙のシステムとインフラの制御を奪取したと発表した[187]。伝えられるところでは、電子投票集計システムが攻撃され、中央選挙管理委員会のウェブサイトがダウンした。この圧力は、投票のような基本的な市民権を提供し確保する国家当局への国民の信頼を侵害することであった。重要なのは攻撃の技術的な側面ではなく、むしろ国民に対する心理的影響にあった。

情報領域におけるサイバー作戦および活動の範囲を読者に提供するために、この著者は DOPES と呼ばれる日付／要素フレームワークを用意した。DOPES フレームワークは動揺（D）、欺瞞（D）、分裂（D）、抑止（D）、過負荷（O）、麻痺（P）、鎮静（P）、挑発（P）、圧力（P）、消耗（E）、および提案（S）を表す。それはコモフが提案したフレームワークと要素に基

づいている。ここでは、クリミア半島の併合とウクライナ東部での軍事紛争に関連する 2014 年 2 月から 2015 年 6 月までの事件の詳細を説明するために使用されている。このフレームワークは、情報戦のより広い観点から、一見孤立したサイバーセキュリティインシデントの役割に読者を向けるのに役立つことを意図している。この情報戦の要素のリストは決定的なものではなく、また機能が独立しているわけでもない。使用される技法、標的とされる目標、意図されたまたは達成された影響に関して、それらはしばしば重なる。範囲は限定されているように見えるかもしれないが、著者は発生した、その期間中にパブリックドメインおよび国家サイバーセキュリティセンター（National Cyber Security Center）の記録に詳しく文書化されていた次のインシデントのリストを選んだ。

　このインシデントのリストは、事件の日付、それが表す DOPES 要素、およびインシデントの簡単な説明を示す方法で並べられている。多くのエピソードは報告されていない、分類されたままであるか、または著者が使用している情報源によって記録されていないため、リストは網羅的なものではないことに注意する必要がある。したがって、この図の目的は例示的なものである。

❖ クリミアおよび東ウクライナ軍事作戦に関連する
   サイバー攻撃および情報作戦

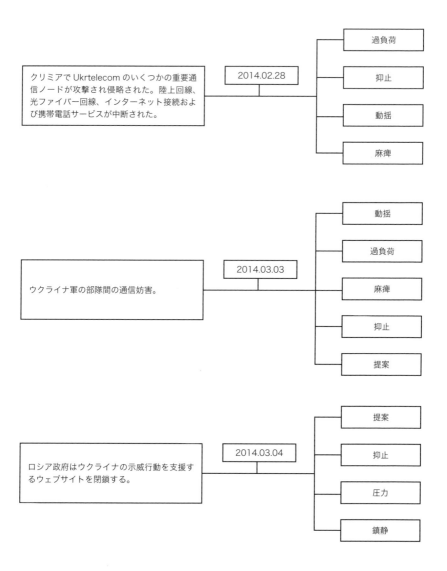

クリミアで Ukrtelecom のいくつかの重要通信ノードが攻撃され侵略された。陸上回線、光ファイバー回線、インターネット接続および携帯電話サービスが中断された。	2014.02.28

過負荷
抑止
動揺
麻痺

ウクライナ軍の部隊間の通信妨害。	2014.03.03

動揺
過負荷
麻痺
抑止
提案

ロシア政府はウクライナの示威行動を支援するウェブサイトを閉鎖する。	2014.03.04

提案
抑止
圧力
鎮静

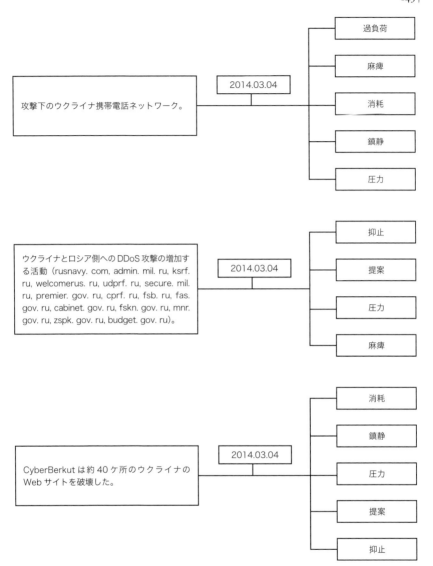

144

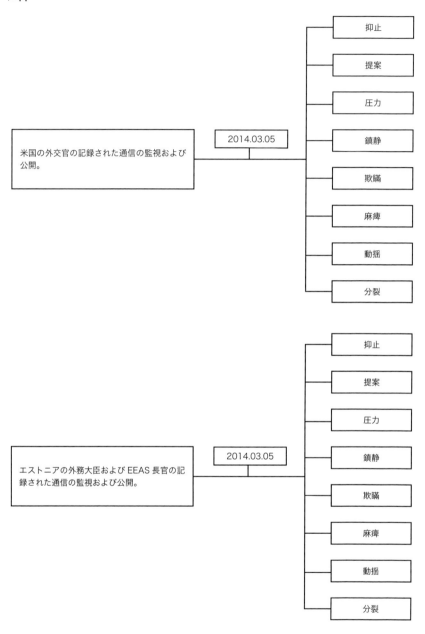

反射統制——
サイバー関連例

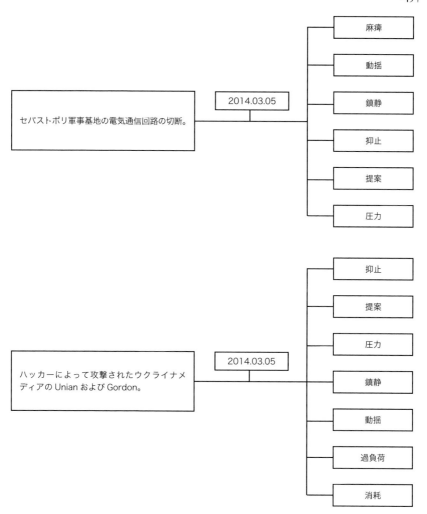

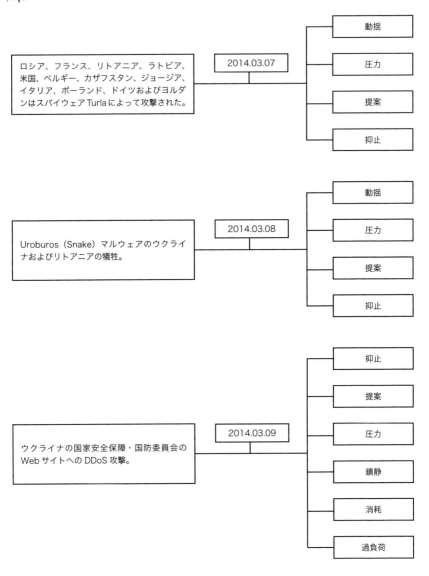

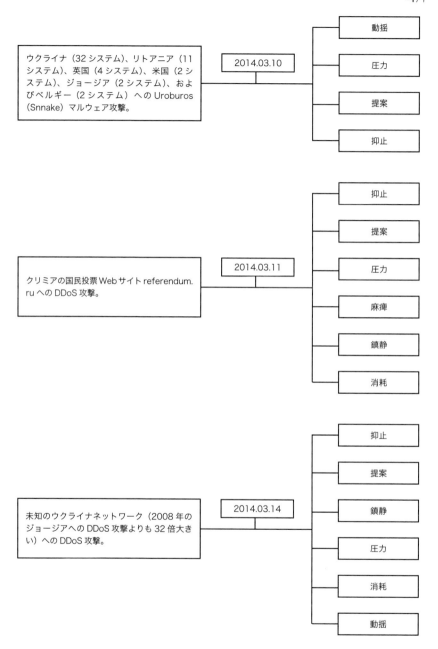

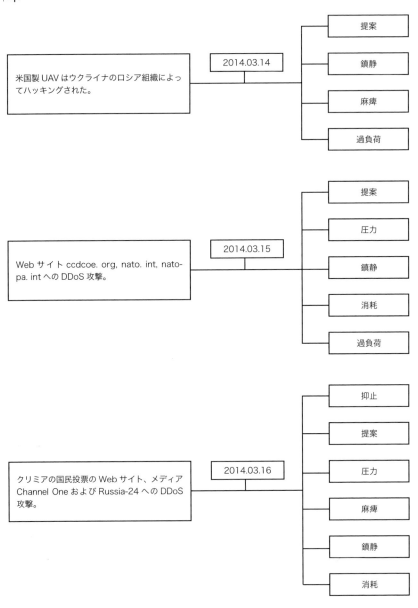

反射統制——
サイバー関連例

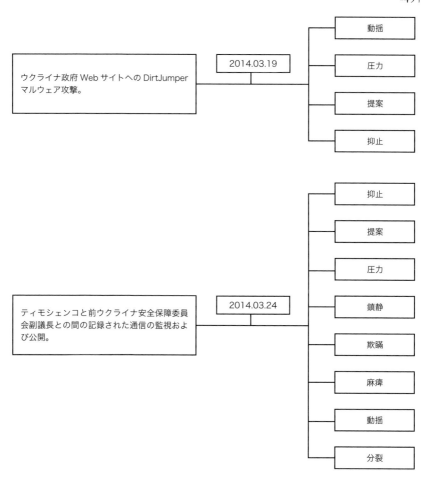

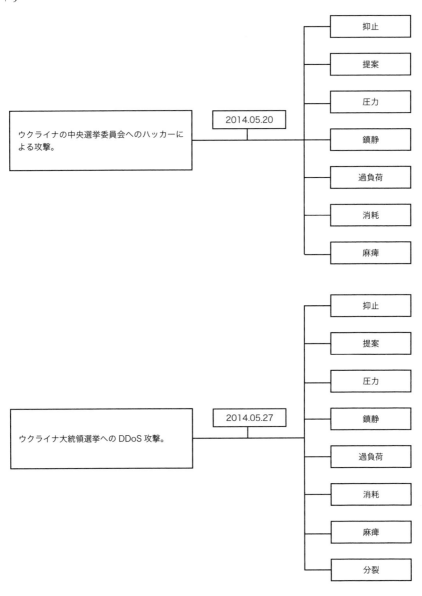

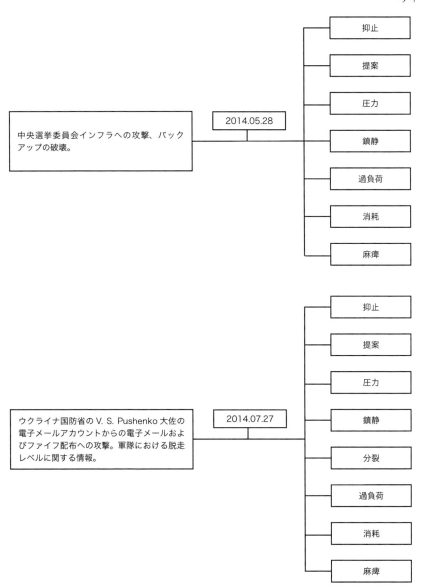

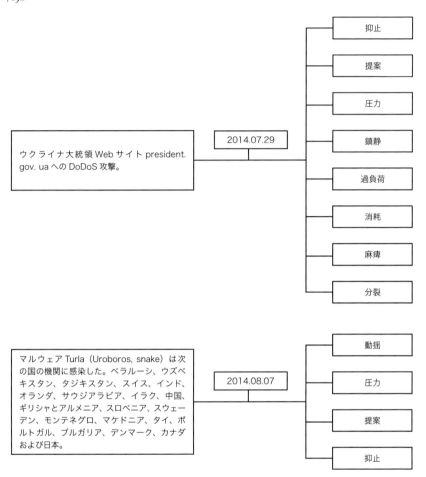

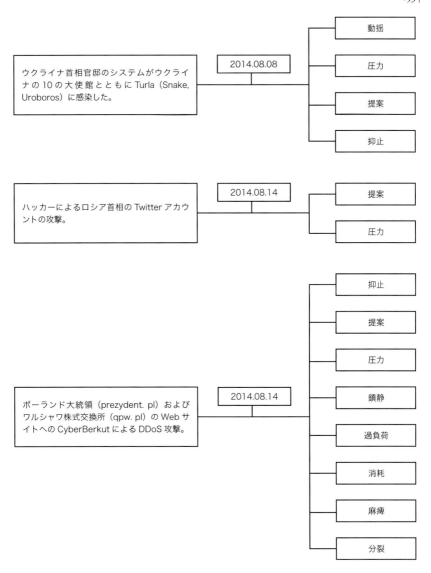

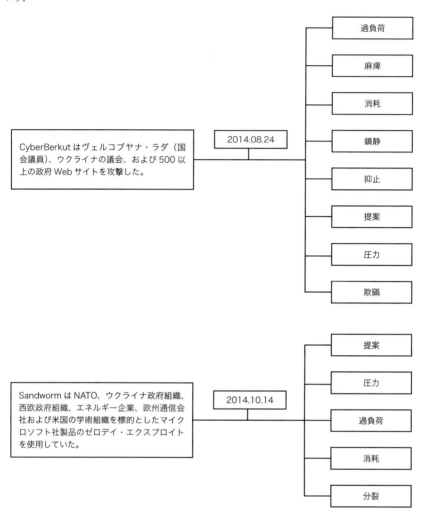

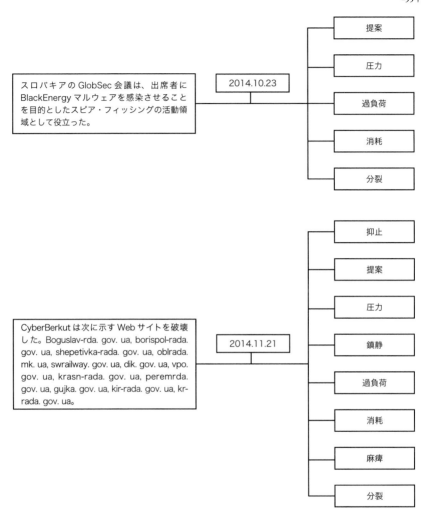

155

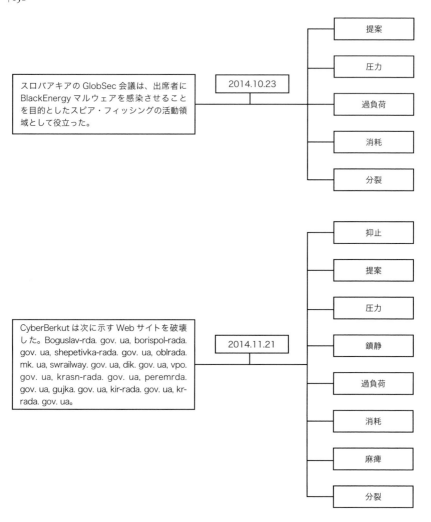

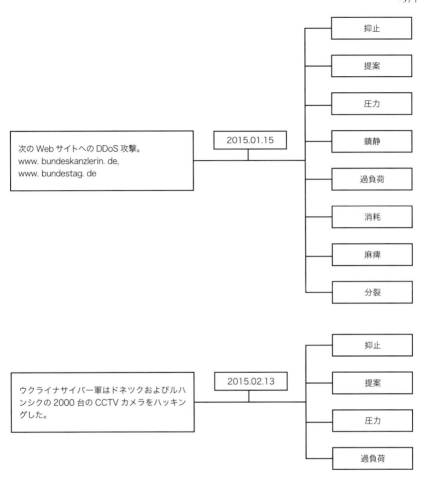

158

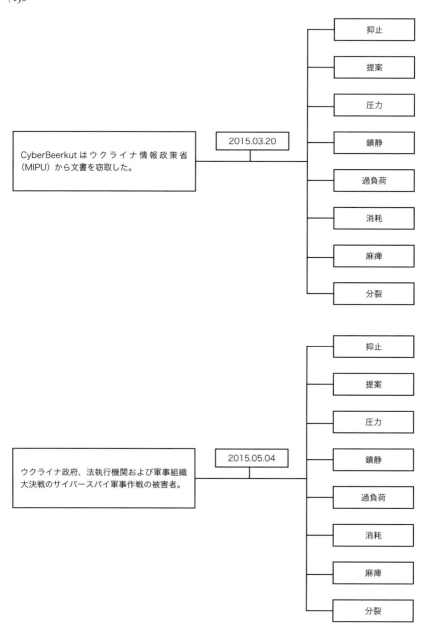

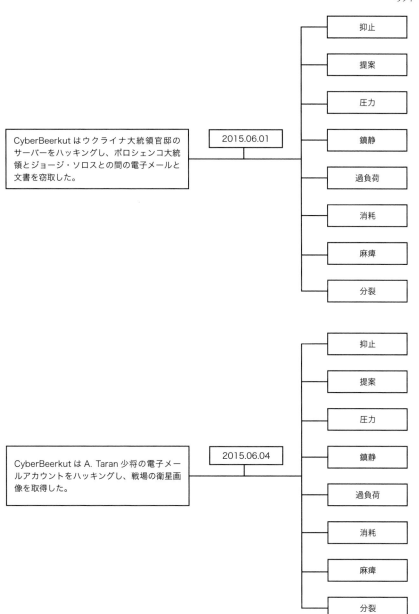

軍事的意思決定

　ロシア軍によると（また前章のドクトリン文書の分析によって証明された）、軍事における革命（RMA）での優越性は、1997年にM・C・フィッツジェラルド（Fitzgerald）[188] が「知能化」指揮統制システムとともに、偵察、監視、および目標捕捉システムとしてみなした「情報戦」の優位性に起源がある。システムの「知能」とは、自律型知能または人工知能、あるいは機械学習の概念を指すのではなく、以前の分散指揮統制システムの知性化を指すものである。指揮統制のデジタル化（情報化）によって可能にされた精密打撃は、指揮統制、偵察およびターゲティングシステムの「知性化」によって大部分可能にされた。知性化により、指揮官と部隊の間で命令や情報をやり取りする時間が短縮された。それはまた、情報を伝達するのに必要な人間の対話者の数も制限した。したがって、指揮統制系統は、ほぼリアルタイムで意思決定をし、コンピューターベースの計算と部隊の調整を行うことができる[189]。しかし、軍事的意思決定サイクルの短縮によって達成された有効性は、情報技術的および情報心理的アセットによって悪用可能な潜在的な脆弱性の新たな分野を生み出した。

　軍事目的を達成するために必要な情報戦には次に示すいくつかの要素がある[190]。

1. 現場における敵対者および部隊に関する情報の取得、情報処理および軍事作戦の指揮統制機能への組み込み。
2. 敵対者の部隊や作戦の状況に関する情報の取得、処理、交換を敵対

162

者に対して拒否し、技術的または心理的な分類であっても、知覚認識を歪めることを含む、全体状況図を把握する敵対者の能力を混乱する手段を積極的に利用すること。[191]

3. 当事者の意思決定サイクルと情報処理に対して敵対者によって行われた、Bコンポーネントからネットワーク、センサー、および指揮統制系統を防御すること。

デジタル化された戦場の領域では、Bコンポーネントは今日の用語では攻勢サイバー能力とみなすことができ、Cコンポーネントはサイバーセキュリティ、サイバー防御、または情報保証防護とみなされる。

したがって、攻撃・偵察複合体への影響は、それが戦術上、作戦上、または戦略上の指揮官であっても、意思決定システムの技術的側面だけではなく、意思決定者自身の非常に脆弱な人間的要素にある。

フィッツジェラルドが次のように指摘している。

情報戦の究極の目的は（軍事用語では）敵対者に対する情報優勢を達成することであり、そこでは当事者自身の部隊や兵器管制組織に対する情報統制は、敵対者の対応する統制組織（意思決定サイクル）よりも完全で、正確で、信頼性が高く、適時である。このように、ロシア人は情報戦を、戦闘行動の準備と過程において敵対者に対する情報優勢を獲得し維持するために、単一の概念と計画に従って行われる情報支援、情報妨害および情報防御の手段の複合体として定義する。[192]

現代の打撃・偵察複合体は技術に依存しており、技術優勢を維持することは軍事目標を追跡する上で不可欠である。それはまた、従来の軍隊が匹敵し得ない状況での活用を可能にする、つまり、一方の側が部隊の数や兵

軍事的意思決定

器プラットフォームの効率性では弱者であり、または目標捕捉の分野で抑制されていることを意味する。

　軍事作戦そのもの、また指揮インフラ上での情報技術的および情報心理的アセットの使用から規模を縮小するためには、偽情報や影響工作、または文民指導者と軍事指導者の間の通信を混乱させることによって、文民の意思決定プロセスを統制することは、あたかも敵軍を物理的に弱体化するのと同じ結果を達成することができることに気付くことが重要である。その違いは、状況が戦闘行為にエスカレートすることを許さないことにある。軍事ドクトリンは、国家主権の擁護といった戦略目的を追求する際に軍事アセットの利用を効果的に拒否することによって、文民側の指導者の意思決定メカニズムを危うくするという考えを詳しく述べている。

　指揮統制の効果的な行使に対して保護するために必要な要素は、電磁波スペクトラム検知器や測定装置、および放射線センサーだけではなく、レーダーおよび速度、高度、湿度、仰角のセンサーといった知覚認識アセットである。また、このリストには、通信回線、中継局、および通信と地理的測位を可能にする衛星も含まれる。

　指揮統制のこれらすべての要素はデジタル化されており、情報技術的な攻撃、または米欧を中心とした専門用語であるサイバー電子戦によって脆弱になっている。1990年代の第一次湾岸戦争における「砂漠の嵐」作戦でのイラク防空システムの弱体化は、情報技術攻撃の顕著な例の1つである。[193]防空システムは論理爆弾に感染し、国連軍に航空優勢を与えており、それがイラクの軍事および文民の指導者の範囲内で指揮統制系統全体を排除することにつながった。

　偵察、指揮統制、および電子戦における優越性は、兵器および軍事装備の質的指標を高める主な要因であると言われており、それは戦闘作戦の過程および結果に「決定的な」影響を与えるであろう。どのような状況下で

も、これらの分野で優位性を持つ側は、他の側が核兵器で、またさらに
もっと通常兵器で明らかな優位性を持っていても、常により大きな能力を
持つであろう。[194]

```
┌─────────────────────────────────────────────┐
│                                               │
│              所  見                            │
│                                               │
│                                               │
│                                               │
└─────────────────────────────────────────────┘
```

所　見

　敵対者の戦略的な考え方を理解することは不可欠である。前提条件は脅威の認識を構成するような考え方から導き出され、それが安全保障と国防態勢を特徴付ける。背景をよりよく理解するために、いくつかのレッドライン（または後述するように「禁止事項」）を提示している。

　「禁止事項」は情報戦の関連で表現されている。これらの「禁止事項」は、ロシアの戦略的行動と国防態勢に関する一流の学者や実務家によって[195]、体制の存続を確実にするために反逆されないようにロシアの体制のためのレッドラインとして提示された[196]。

「絶滅の危機にさらされる体制」

　ロシアの内政へのどのような介入も、体制の安定とその存続を脅かす可能性があると考えられているのが、レッドラインである。これは明らかに、これまでの章で分析した文書に示されている情報領域と国家安全保障および戦略的態勢にも関係している。どのような情報関連の介入も脅威とみなされる。そのような情報リスクの例は、グローバル広帯域インターネットアクセスサービスを提供することを目的とする、Tintin A（MicroSat 2a）と Tintin B（MicroSat 2b）と呼ばれる 2 つの試験衛星がすでに軌道上にあるスペース X 社のイーロン・マスク（Elon Musk）のスターリンク（Starlink）プロジェクトである[197]。これは、ロシアの体制の取り組みと矛盾し、情報領域、インフラ、および統制下の情報それ自体を持っている。

「ロシアとその権益に対して外部プレーヤーが無視すること」

ロシアは、この研究で分析されたドクトリン文書に述べられているように、自国が情報戦に直面していると認識している。これは、情報領域での組織的な取り組みを通じて、ロシアの国内的および国際的な政策を損なうことによって行われている。明示されていない専門家が詳述しているように、ロシアはその力と超大国としての役割の認識を維持することを目指している。実際、戦力を投射しその権益を追求する能力は戦略的に重要である。ロシアが受けているとされている情報工作は、国内的にも国際的にもその体制を弱体化させる可能性があり、国際社会において弱体化された地位によりロシアの権益の無視につながっている。

「行動する機会をロシアから剥奪し、行動の自由を制限すること」

情報戦、影響工作および欺瞞の観点から、この制限は情報技術的および情報心理的という2つの工作によって達成することができる。

指揮統制および通信インフラレベルで使用された場合の情報技術的工作は、あらゆる活動を弱体化させる能力を有する。これらの工作はまた、知的能力やコミュニケーションといった技術的な意思決定レベルで行動する能力を弱体化させその完全性を崩壊させる。

全国民や意思決定者に対して、その活動、あるいはロシア連邦の戦略的権益に応じて意思決定をすることができない程度まで、意思決定サイクルの操作に対する広範な支援を得るための体制の受容能力に影響を与える。そうでなければ妨害するために、情報心理的工作が使用される。これは、たとえばロシアの意思決定者たちが、自分たちに行動の自由を許さないが外部の当事者が事前に設定した結果につながる難題や出来事に直面する場合、反射統制を通じて行うことができる。その主導権、すなわち操縦性を失い、事前に決められた条件と結果に対応しなければならないことは、ロ

シアの指導者にとって禁止事項のシナリオである。

「意思決定や条件設定に影響を与える権利を失うこと」

　ロシアの体制に対するもう1つのレッドラインは、国連安全保障理事会の拒否権のような意思決定に影響を与える権利を失うことである。地球規模の問題や国際安全保障を形成するときのこのツールの重要性とは別に、この権利を失うと機会が制限され、外部の当事者に一連の素因がある出来事にさらされることになる。サイバー空間における情報戦、影響工作、および欺瞞との関係は次のとおりである。すなわち、全国民、意思決定者および国際社会の間でロシアの認識に対する統制は戦略的に重要である。国際社会の中で調整された認識につながる、情報領域を通じて弱体化されるロシア連邦の地位は望まれていない。戦力と戦力投射の認識は、利用可能な情報と現実を構築する能力に基づいている。したがって、それは情報資源とコンテンツ管理の統制の対象となる。知覚認識、すなわち情報資源を操作し、世界的な行為者や超大国としてのロシアの姿を形作ることは、パワーバランスを変える力を持っている。これは、この研究でも提示している情報優越の概念に関連している。

　これまでの章で述べたように、ロシアのサイバーセキュリティに対する理解は、米欧のインフラ中心の視点とは異なる。ロシアの国家安全保障態勢と軍事思想を決定付ける瞬間の1つは、「砂漠の嵐」作戦であった。

　　　「1991年の砂漠の嵐作戦で初めて、電子戦と電子対抗策が従来の火
力と同等の効果を発揮した。すべての最も重要な敵の目標は、戦術上
から戦略上までのすべての指揮系統において指揮統制および通信シス
テムを同時に混乱させる電子攻撃を受け続けた。第四に、電子攻撃と
火力攻撃は、目標、場所、および時間によって正確に調整されてい
た。組み合わされることによって、それらは協同して互いに補完し強

168

化しあった」[198]

　それは 27 年前のことで、この手段の中核は情報技術的工作にあった。
　過去数十年にわたり、情報心理的工作が注目を集めてきており、ロイ・
ゴッドソン（Roy Godson）によれば、次のとおりである。[199]

　　「ソビエト連邦の最後の年には、これらの活動（ほとんど米国とその同
　　盟国をねらいとした）に年間およそ *15,000* 人の職員と数十億ドルの資
　　金が費やされていると結論付けるのに、彼らの積極工作システムに関
　　する十分な情報があった」

　今日のすべての知的能力、政治組織および経験の利用について尋ねるべ
きである。今日の犠牲者は、欺瞞や影響力に関する心理的および技術的な
情報工作を受けており、情報空間、すなわちサイバー空間で行われている
作戦に対応するための知的および制度的枠組みを欠いている。どのように
対応し行動するかに関して過去数年にわたって提言がなされてきた。しか
し、ロイ・ゴッドソンが提示したものは、分析され適切に実施されるべき[200]
である。2017 年 3 月 30 日に行われた米国上院情報問題特別調査委員会
の証言で、彼は「何がなされるべきか」を提示するのに、聴衆に対してソ[201]
ビエト思考における欺瞞の顕著な位置付けについて詳述しているウラジ
ミール・レーニンのパンフレットの標題をおそらくからかって引用した。[202]
この提言はロシア連邦に関連しているが、実際には欺瞞や情報作戦に対抗
するのに普遍的なことである。
　表面上存在しているのは、野心の欠如、指導者ビジョンの欠如、および
サイバー空間の悪用から生じる課題への対応における変化を推進する能力
の欠如である。なされた提言の中には、戦略的アプローチを開発する必要
性がある。次の対策は、戦略、作戦および戦術レベル／個人レベルに適用

所見

可能な提言の一部である。

1. 戦略的意図、目標、情報技術的および情報心理的手段を完全に理解するのに十分な知的基盤を構築する。

2. 敵対者が越えられないレッドラインを特定する。

3. レッドラインを越えることを防ぐための抑止メカニズムとツールを適用する。

4. 上記を適用するための決心と準備のメッセージを伝える。

5. 主導権を獲得し、反応的な姿勢を抑制する。

6. 戦略的権益に反して使用されて、国家安全保障および国防能力に影響を及ぼす情報技術的および情報心理的工作に対する対応計画および緊急事態対応計画を再計画する。

7. 社会とその同盟国にとって自然な価値観や物語に矛盾する活動や作戦に積極的かつ断定的に反対する。

8. 意思決定者、個人、および一般国民を、現実の分析と認識のための批判的思考および認知や心理に関する必修科目の分野で教育する。標的にされた個人が欺瞞と強靱性の原理に精通していなければ、自分が欺瞞されているのか、または情報技術関連の攻撃を受けていることにほとんど気付かない可能性がある。

9. あらゆるレベルのガバナンスに対する対策を分析、理解、および考案するための制度的な枠組みと能力を構築する。最初に米国国務省に、それから後に米国情報局に拠点を置く省庁間の「積極工作作業班」は、そこから教訓を引き出す歴史的な例となり得る。[203]

10. 可能性のある敵対者の戦略的意図、計画、および活動を公開することによって、情報作戦および情報工作の有効性を低下させる。

11. 可能性のある敵対者によって広められた物語と矛盾する肯定的な物語を広める。

12. サイバー空間ならびに認識に影響を与え、意思決定アルゴリズムを
    変更することに関連するツールおよび活動の可能性に対して、政策立
    案者や意思決定者、指揮官、アナリスト、および一般国民を敏感にす
    る。情報を解釈して処理し、そして、自分の行動を分析して適応させ
    る能力は、意思決定には不可欠である。

13. 軍司令官、部隊だけではなく、意思決定者のためのその訓練や演習
    が次に示すことにつながることを確実にする。「強力な神経系、迅速
    な思考、環境への迅速な適応、迅速な論理的結論能力、責任感、圧力
    下での冷静さ、迅速に注意を向ける能力[204]」

　取り組むべき重要な問題の１つは、現代技術の潜在的な使用法、およ
び便利なサービスや技術の日常的な消費によってどれほど早く騙される可
能性があるかについての、指導者を含む国民の理解不足である。潜在的な
リスクが理解されている場合、国民に気付かせることは強靭性の向上につ
ながり、したがって国民は情報作戦の影響を受けにくくなる。個人が直面
しているものを理解していない場合、自分にはどのような強靭性があり、
自分自体をどのような方法で守ると考えられるであろうか。

　しかし、どのような提言事項の重要な要素も個人である。個人はプロセ
スと意思決定の共通点であり、情報心理的攻撃、そして、目標がインフラ
そのものではない場合には、情報技術的攻撃の究極の目標である。個人が
強靭である場合、自分が参加している活動は強靭であり、それは分析、情
報処理、または意思決定である。現代世界の複雑さを理解するための個人
の能力は、自分を知覚認識の改竄から保護する。この理解と批判的に評価
する能力は、個人が認知バイアスに対して強靭であるのに役立つ。

　**目標に自分の考えを変えるように信じさせるよりも、目標の既存の信念
を強化し、目標に当事者の真の意図とは反対の証拠を無視させることに**

よって、目標を惑わすことははるかに容易である。[205]

　カン・カサポグル（Can Kasapoglu）が提示するNATOの観点によると、[206]「NATOは新たなロシアの挑戦に取り組むために新たな情報（インテリジェンス）分析と戦略的予測能力を必要としている」。しかし、反射統制を使用することに関するロシアの課題は新たなものではなく、彼は、続けて「まず第一に、この戦略的コミュニティは、モスクワの真の意図を評価する際に威圧的な『分析的麻痺』を引き起こす可能性があるロシアの『反射統制』工作を認識する必要がある……」と述べている。[207]

　分析的麻痺は、彼が述べているように、「『慎重に計算されたリスク回避』と見られる可能性のある政策を追求するために、ロシアのエリートが提供するよりリスクの低い選択肢を『受容する』ことを含む可能性があるが、武力の行使または武力の脅威によりモスクワに対してさらなる利益の土台を無意識に固めるであろう」。[208]カサポグルは、「北大西洋同盟が必要な制度と概念を促進し、ハイブリッド戦、およびそれに関するロシアの解釈を反射統制主導の非線形戦の形態で十分に理解し、展開することが重要である」と結論付けている。[209]

　あらゆる取り組みの根拠となるべき重要な用語は、短期の対処的な活動とは対照的に、先制的な理解、戦略的な主導権および計画である。ロシア政府全体にわたり、代理関係者と調整された戦略上、作戦上および戦術上の欺瞞、反射統制および情報作戦の層を含む、高度に統合され組織化された戦略に関する認識を考慮に入れた強力な力の認識を提供するということに留意することが重要である。しかし、これは欺瞞工作自体の一部であり、敵対活動の高度な調整と指揮統制を計画することができる。それは、この活動を過小評価する必要があるのか、あるいは影響が少ない可能性があるのかということを意味するのではない。それどころか、この活動がまったく中央機関の統制下にない場合、十分な監督と指揮統制の欠如で危

険性が高くなる。

結　論

　1997年のフィッツジェラルド：「近い将来における軍事紛争の最も重要な目的は、敵対者（個人、集団、および国民）の心理に影響を与えることになる可能性がある[210]」

　本書では、デジタル化時代における情報優越、反射統制、および過去の欺瞞の概念の適用に関する考え方を説明した。現代社会のまさに存在を支えている通信と情報技術の大規模な普及によって、サイバー空間における、あるいはロシアの視点からの情報領域における情報戦の方法が拡大した。それにもかかわらず、技術の進化およびそれらの利用は、新たな影響力のある技術、新たな指揮統制方法および軍用プラットフォームの採用を要求している。これは、情報に基づく社会および関連する脆弱性の予期しないレベルの悪用につながるであろう。

　影響工作、欺瞞、また情報技術的および情報心理的工作の使用により、当事者がその敵対者との直接的な対立を回避することを可能にする。また、情報領域での作戦では、武力紛争の閾値以下で敵対的な行動を実行し、敵対者のレッドラインを探査する能力を可能にし、その間ずっと必要に応じて物理領域における影響を受けずに主導権を背後で段階的に拡大するために、理にかなった拒否能力を使用する。情報領域における作戦もまた、抵抗する決心に影響を与える。

　しかし、今日その影響を理解していないことが問題である。この研究は、過去から適用された概念の状況説明を提供することを目的とし、現在

のデジタルに再度目的を持たせ調整している。情報兵器はより大きな目的を果たしている。それらは情報通信インフラの技術的なバックボーンに損害を与えるだけではなく、パワーバランスを変えて戦略的目標を達成する可能性もある。

　情報兵器の影響は、敵対者の社会構造を悪化させるのか、あるいはきわめて重要な意思決定をしなければならない瞬間に攻撃することによって、即時的であるのか、またはより長期間にわたって影響を与えるのかの可能性がある。情報攻撃は損害を与え、重要人物、一般国民、および脆弱な社会集団に影響を与える可能性がある。これは社会的機能の衰退、制度の崩壊、そして最終的には国家の崩壊につながる可能性がある。

　情報兵器が使用されている紛争に勝つための重要な要素は、敵対者の戦略的目標、文化、作戦暗号、および能力（軍事的能力だけではなく、文化、精神、意思決定プロセス、および制度的枠組み）を理解することによって得られる敵対者に関する徹底的な知識である。本質的には、政策決定と社会の利害関係者がどのように相互作用するのかを把握することが重要である。それでもなお、もう１つ重要な要素は主導権である。あらかじめ定義された一連の分析された行動に従って行動できないようにする、すなわち、敵対者に対してある程度の奇襲を強いることをできるようにするには、主導権を維持することが不可欠である（出来事に対処するのではなく、出来事を定義する立場になることである）。組織が、ビジョン、指導力、または目標の欠如であるかどうかにかかわらず、この受動的な役割で対処することだけを可能とする場合、敵対者は別の権益と目標に従って対処を必要とする状況を準備することを可能にするだろう。フィッツジェラルドは次のように述べている。「心理作戦を成功させるための最も重要な条件は、常に攻勢を維持し、『心理的主導権』を保持することであると考えられる」

結　論

【 参 考 文 献 】

Above Top Secret, (2014). *Read Why the USS Donald Cook Crapped It's Pants and was 'gravely demoralized' in the Black Sea.* [Online]. Available at: http://www.abovetopsecret. com/forum/thread1042109/pg1 [Accessed 18th March 2018].

Beaumont, R. (1982). *Maskirovka: Soviet Camouflage, Concealment and Deception.* College Station, Texas: Center for Strategic Technology, A & M University System.

Bruusgaard, Ven K. (2016). *Global Politics and Strategy August–September 2016.* IISS. Survival. Global Politics and Strategy, [Online]. Available at: https://www.iiss.org/en/ publications/survival/sections/2016-5e13/survival--global-politics-and-strategy-august-september-2016-2d3c/58-4-02-ven-bruusgaard-45ec [Accessed: 7th June 2016].

Business Insider, (2014). *Putin Has Taken Control Of Russian Facebook.* [Online]. Available at: http://www.businessinsider.com/putin-has-taken-control-of-russian-facebook-2014-4 [Accessed 18th March 2018].

Caddell, J. W. (2004). *Deception 101-Primer on deception.* Carlisle Barracks, PA: Strategic Studies Institute, U.S. Army War College.

Calhoun, L. (2018). Elon Musk Just Sent More Stuff Into Space--This Time, It's Even Better Than the Roadster. Inc. [Online]. Available at: https://www.intelligence.senate.gov/sites/ default/files/documents/os-rgodson-033017.pdf [Accessed: 28th January 2018]

Carr, J. and Dao, 'D. (2011). *„4 Problems with China and Russia's International Code of Conduct for Information Security, and Dao,'D. and Giles, K. (2011). 'Russia's Public Stance on Cyberspace Issues ',* in Czosseck,Ch. Ottis, R. and Ziolkowski, K. (2012). 4th International Conference on Cyber Conflict. Tallin : NATO CCD COE Publications.

Corman, S. R., and Dooley, K. J. (2009). *Strategic Communication on a Rugged Landscape. Principles for Finding the Right Message.* Consortium for Strategic Communication, Arizona State University. Tucson.

CyberBerkut (2014). *CyberBerkut suspended the operation of the Ukrainian Central Election Commission* [Online]. Available at: https://cyber-berkut.org/en/olden/index2.php [Accessed 20th January 2017].

CyberBerkut (2014). *E-mail of the Ukrainian Ministry of Defense colonel has been hacked* [Online]. Available at: https://cyber-berkut.org/en/olden/index2.php [Accessed 20th January 2017].

CyberBerkut (2014). *New punishers' losses data in the South-East.* [Online]. Available at: https://cyber-berkut.org/en/olden/index2.php [Accessed 20th January 2017].

CyberBerkut (2014). *CyberBerkut hacked Kiev digital billboards.* [Online]. Available at: https://cyber-berkut.org/en/olden/index2.php [Accessed 20th January 2017]

Dailey, B. D. and Parker P. (1987). *Soviet Strategic Deception.* Stanford: Hoover Institution Press. ISBN 066913208X.

Daniel, D. C., and Herbig, L. K. (2013). *Strategic Military Deception: Pergamon Policy Studies on Security Affairs.* New York: Elsevier. p. 392. ISBN 1483190064.

DEF CON (also written as DEFCON, Defcon, or DC), one of the world's largest hacker conventions. [Online]. Available at: https://www.defcon.org/ [Accessed 20th January 2017].

Digital Forensic Research Lab, (2017). *Russia's Fake "Electronic Bomb". How a fake based on a parody spread to the Western mainstream.* [online]. A vailable at: https://medium.com/dfrlab/russias-fake-electronic-bomb-4ce9dbbc57f8 [Accessed 18th March 2018].

DW News, (2018). *Russia moves toward creation of an independent internet.* [Online]. Available at: http://www.dw.com/en/russia-moves-toward-creation-of-an-independent-internet/a-42172902 [Accessed 18th March 2018].

EFJ, (2017). *Russian 'foreign agents' media law threatens media freedom.* [Online]. Available at: https://europeanjournalists.org/blog/2017/11/28/russian-foreign-agents-media-law-threatens-media-freedom/ [Accessed 18th March 2018].

Erger, A. (2005). Yoda and the Jedis: The Revolution in Military Affairs and the Transformation of War. *The OST's Publication on Science & Technology Policy.* [Online] 7. Available at: http://www.ostina.org/content/view/274/ [Accessed 20th January 2017].

Fink, A. L. (2017). *The Evolving Russian Concept of Strategic Deterrence: Risks and Responses.* Arms Control Association. [Online]. Available at: https://www.armscontrol.org/act/2017-07/features/evolving-russian-concept-strategic-deterrence-risks-responses [Accessed: 28th January 2018].

Fitzgerald, M. C. (1999). *Russian Views on IW, EW, and Command and Control: Implications for the 21st Century.* [Online]. Available at: http://www.dodccrp.org/events/1999_

CCRTS/pdf_files/track_5/089fitzg.pdf [Accessed: 28th January 2018].

FOX NEWS, (2017). *Russia claims it can wipe out US Navy with single 'electronic bomb'.* [Online]. Available at: https://web.archive.org/web/20170517 23954/http://www.foxnews.com/world/2017/04/19/russia-claims-it-can-wipe-out-us-navy-with-single-electronic-bomb.html [Accessed 18th March 2018].

Gilbert, D. T. (1991). *How Mental Systems Believe.* American Psychologist. [Online]46. Available at: http://www.danielgilbert.com/Gillbert%20(How%20Mental%20Systems%20Believe).PDF [Accessed: 28th January 2018].

Giles, K. (2011). *"Information Troops" - A Russian Cyber Command?,* in Cyber Conflict (ICCC), 2011 3rd International Conference on, Tallin: IEEE, pp. 43-59. ISBN 9781612842455.

Godson, R. (2017). *Written Testimony of ROY GODSON to the Senate Select Committee on Intelligence, Open Hearing, March 30, 2017 "Disinformation: A Primer in Russian Active Measures and Influence Campaigns."* [Online]. Available at: https://www.intelligence.senate.gov/sites/default/files/documents/os-rgodson-033017.pdf [Accessed: 28th January 2018].

Green, W. C. and W. R. R. (1993). Marshals of the Soviet Union A. A. Grechko and N. V. Ogarkov [successive Chairmen of the Main Editorial Commission], *The Soviet Military Encyclopedia*, English Language Edition, Vol. 1, pp. 345-346, Westview Press, Boulder.

Heickerö, R. (2010). *Emerging cyber threats and Russian views on Information warfare and Information operations.* Defence Analysis, Swedish Defence Research Agency (FOI). [Online]. Available at: http://www.highseclabs.com/data/foir2970.pdf [Accessed: 28th January 2018].

Hogan, H. (1967). *Lenin's Theory of Reflection. Master's Thesis.* McMaster University.

Human Rights First, (2017). *Russian Influence in Europe.* [Online]. Available at: https://www.humanrightsfirst.org/resource/russian-influence-europe [Accessed 18th March 2018].lnr.todays, (2015). *В аэропорту Луганска найдены "Стингеры"(оперативнаяс ъемка) #ЛНРсегодня* [online video] Available athttps://www.youtube.com/watch?v=mJr-7zUXwBx8&feature=youtu.be [Accessed 18th March 2018].

Inform Napalm, (2016). *Russian Leer-3 EW system revealed in Donbas.* [online]. Available at: https://informnapalm.org/en/russian-leer-3wf-donbas/ [Accessed 18th March 2018].

Info Wars, (2014). Russians Disable U.S. Guided Missile Destroyer. [Online]. Available at: https://www.infowars.com/russians-disable-u-s-guided-missile-destroyer/ [Accessed 18th March 2018].

Ionov, M.D. (1995). On Reflective Enemy Control in a Military Conflict. Military Thought. English edition. p.45-50.

Kasapoglu, C. (2015). Russia´s Renewed Military Thinking: Non-Linear Warfare and Reflective Control. *Research Paper. Rome: Research Division – NATO Defence College.* [Online] 121. Available at: http://cco.ndu.edu/Portals/96/Documents/Articles/russia%27s%20renewed%20Military%20Thinking.pdf [Accessed: 28th October 2017].

Komov, S. A. (1997). About Methods and Forms of Conducting Information Warfare. *Military Thought*, 4, 18-22.

Korotchenko, Y. G. (1996). Information-Psychological Warfare in Modern Conditions. Military Thought. English edition. p. 22-27.

Kragh, M. and Åsberg, S. (2017). Russia's strategy for influence through public diplomacy and active measures: the Swedish case. *Journal of Strategic Studies*, 40.6, 773-816.

Kramer, D. F., Starr, S. and Wentz, H. L. (2009). *Cyberpower and National Security.* Dulles : Potomac Books, Inc. p. 664. ISBN 1597979333.

Lenin, V. I. (1902). *What Is To Be Done?.* Marxists Internet Archive [Online]. Available at: https://www.marxists.org/archive/lenin/works/download/what-itd.pdf [Accessed: 28th January 2018].

Lexpress, (2015). *Piratage de TV5 Monde: l'enquête s'oriente vers la piste russe.* [Online]. Available at: https://www.lexpress.fr/actualite/medias/piratage-de-tv5-monde-la-piste-russe_1687673.html [Accessed 18 March 2018].

Logvinov, A. (2015). *Ukrainian rebels make fake video using weapons from the game 'Battlefield 3'.* Available at: https://meduza.io/en/lion/2015/07/23/ukrainian-rebels-make-fake-video-using-weapons-from-the-game-battlefield-3 [Accessed: 28th January 2018].

Mazarr, M. J. (2015). *Mastering the Gray Zone: Understanding a Changing Era of Conflict.* Carlisle: U.S. Army War College Carlisle.MCFaul, M. (2017) 6th January. Available at https://twitter.com/McFaul [Accessed: 18th March 2017].

Medvedev, S. A. (2015). *Offense-defense theory analysis of Russian cyber capability.* PhD Thesis. Naval Postgraduate School.

NATO Cooperative Cyber Defence Centre of Excellence, (2015). *An Updated Draft of the*

Code of Conduct Distributed in the United Nations – What's New? [Online]. Available at: https://ccdcoe.org/updated-draft-code-conduct-distributed-united-nations-whats-new.html#footnote3_7g6pxbk [Accessed 18th March 2018].

O'Brien, T. N. (1989). *Russian Roulette: Disinformation in the U.S. Government and News Media. Master's Thesis.* South Carolina University Columbia.

Panagiotis, O. (2016). *Strategic Military Deception. Prerequisites of Success in Techno-logical Environment.* Available at: http://www.rieas.gr/images/publications/rieas171.pdf [Accessed: 28 January 2018].

Radio Free Europe Radio Liberty, (2015). *Russian TV Deserters Divulge Details On Kremlin's Ukraine 'Propaganda'* [Online]. Available at: https://www.rferl.org/a/russian-television-whistleblowers-kremlin-propaganda/27178109.html [Accessed 18th March 2018].

Reid, C. (1987) "Reflexive Control in Soviet Military Planning,". In Dailey, B. D. and Parker P. *Soviet Strategic Deception.* Stanford: Hoover Institution Press.

Reuters, (2017). Russia's RT America registers as 'foreign agent' in U.S. [Online]. Available at: https://www.reuters.com/article/us-russia-usa-media-restrictions-rt/russias-rt-america-registers-as-foreign-agent-in-u-s-idUSKBN1DD25B [Accessed 18th March 2018].

RG RU, (2016). Что напугало американский эсминец. [Online]. Available at: https://rg.ru/2014/04/30/reb-site.html [Accessed 18th March 2018].

Rothstein, H., and Whaley, B. (2013). The Art and Science of Military Deception (Artech House Intelligence and Information Operations). New York: Artech House.

Russian Federation. President of the Russian Federation (2000). *Information Security Doctrine of the Russian Federation.* [Online]. Available at: https://info.publicintelligence.net/RU-InformationSecurity-2000.pdf [Accessed 20th January 2017].

Russian Federation. President of the Russian Federation (2010). *Military doctrine of the Russian Federation.* [Online]. Available at:http://carnegieendowment.org/files/2010russia_military_doctrine.pdf [Accessed 20th January 2017].

Russian Federation. President of the Russian Federation (2010). *Russian Federation Armed Forces' Information Space Activities Concept.* [Online]. Available at: http://eng.mil.ru/en/science/publications/more.htm?id=10845074@cmsArticle [Accessed 20th January 2017].

Russian Federation. President of the Russian Federation (2014). *The Military Doctrine of the Russian Federation.* [Online]. Available at: https://rusemb.org.uk/press/2029 [Accessed 20th January 2017].

Russian Federation. President of the Russian Federation(2015). *Doctrine of information Security of the Russian Federation*

Russian Federation. President of the Russian Federation(2015). *Russian Federation National Security Strategy.* [Online]. Available at: http://www.ieee.es/Galerias/fichero/ OtrasPublicaciones/Internacional/2016/Russian-National-Security-Strategy-31Dec2015. pdf [Accessed 20th January 2017].

Russian Federation. President of the Russian Federation (2016). *Doctrine of Information Security of the Russian Federation* [Online]. Available at: http://www.mid.ru/en/ foreign_policy/official_documents/ /asset_publisher/CptICkB6BZ29/content/id/2563163 [Accessed 20th January 2017].

Russian Military Review, (2015). *День инноваций ЮВО: комплекс РЭБ РБ-341В «Леер-3».* [online]. A vailable at: https://archive.is/MDecB [Accessed 18th March 2018].

RT, (2015). *NATO trace 'found' behind witch hunt website in Ukraine.* [online]. Available at: https://www.rt.com/news/253117-nato-ukraine-terrorsite/ [Accessed 18th March 2018].

Schoen, F. and Lamb, C. (2012). *Deception, disinformation, and strategic communications.* Washington D.C.: National Defense University Press.

Soldatov, A. (2014). Russia's communications interception practices (SORM) [presentation] *Agentura.Ru.* [Online]. Available at: http://www.eur-parl.europa.eu/meetdocs/2009_2014/ documents/libe/dv/soldatov_presentation_/soldatov_presentation_en.pdf [Accessed: 7th June 2017].

Sputnik News (2014). *Russische SU-24 legt amerikanischen Zerstörer lahm.* [Online]. Available at: https://de.sputniknews.com/meinungen/20140421268324381-Russische-SU-24-legt-amerikanischen-Zerstrer-lahm/ [Accessed 18th March 2018].

Taham, S. (2013). *U.S. Governmental Information Operations and Strategic Communications: A Discredited Tool Or User Failure? : Implications for Future Conflict.* Carlisle Barracks, PA: Strategic Studies Institute, U.S. Army War College. p. 80. ISBN 158487600X.

Tottenkoph, R. (2016). Hijacking the Outdoor Digital Billboard [PowerPoint presentation] *DEF CON Hacking Conference.* [Online]. Available at: https://www.defcon.org/images/ defcon-16/dc16-presentations/defcon-16-tottenkoph-rev-philosopher.pdf [Accessed: 7th

June 2016].

The Moscow Times, (2014). *Vkontakte Founder Says Sold Shares Due to FSB Pressure.* [Online]. Available at: https://themoscowtimes.com/news/vkontakte-founder-says-sold-shares-due-to-fsb-pressure-34132 [Accessed 18th March 2018].

The New York Times, (2015). *The Agency.* [Online]. Available athttps://www.nytimes.com/2015/06/07/magazine/the-agency.html [Accessed 18th March 2018].

The list of backbone organizations, approved by the Government Commission to improve the sustainability of the development of the Russian economy [Online]. Available at: https://web.archive.org/web/20081227071316/http:/www.government.ru/content/governmentactivity/mainnews/33281de212bf49fdbf39d611cadbae95.doc [Accessed 18th March 2018].

Thomas, L. T. (1996). Russian Views on Information-Based Warfare. *Airpower Journal*, Special. Edition, 25-35.

Thomas, Timothy L. "The Russian View Of Information War." *The Russian Armed Forces at the Dawn of the Millennium* (2000): 335.

Thomas, L. T. (2004). Russia's reflexive control theory and the military. *Journal of Slavic Military Studies*, 17.2, 237-256.

Thomas, Timothy L. *Russian information warfare theory: The consequences of August 2008.* na, 2010.

Thomas, T. L. (2010). *Russian information warfare theory: The consequences of August 2008.* in *The Russian Military Today and Tomorrow: Essays in Memory of Mary Fitzgerald*, ed. Blank, J. S. and Weitz, R. Carlisle, PA: Strategic Studies Institute, pp. 265-301, ISBN 158487449X.

Trend Micro, (2016). *Operation Pawn Storm: Fast Facts and the Latest Developments.* [Online]. Available at: https://www.trendmicro.com/vinfo/us/security/news/cyber-attacks/operation-pawn-storm-fast-facts [Accessed 18 March 2018].

United States. Department of State (1989). *Soviet influence activities : a report on active measures and propaganda, 1987-1988.* U.S. Dept of State, Washington.

U. S. Department of Defense, (2014). *Russian Aircraft Flies Near U.S. Navy Ship in Black Sea.* [Online]. Available at: http://archive.defense.gov/news/newsarticle.aspx?id=122052 [Accessed 18th March 2018].

Vesti News, (2017). Electronic Warfare: How to Neutralize the Enemy Without a SingleShot. [online video] Available at: https://www.youtube.com/watch?v=vI4uS307ydk&feature=youtu.be [Accessed 18 March 2018].

VOA NEWS, (2017). *Sinister Text Messages Reveal High tech Front in Ukraine War.* [online]. A vailable at: https://www.voanews.com/a/sinister-text-messages-high tech-frony-ukraine-war/3848034.html [Accessed 18th March 2018].

VOA NEWS, (2018). *Russia's Foreign Agent Law Has Chilling Effect On Civil Society Groups, NGOs.* [Online]. Available at: https://www.voanews.com/a/russia-labels-media-outlets-as-foreign-agents/4221609.html [Accessed 18th March 2018].

Voltaire Network, (2016). *About Voltaire Network.* [Online]. Available at: http://www.voltairenet.org/article150341.html [Accessed 18th March 2018].

Washington Post, (2014). Putin says Russia will protect the rights of Russian abroad. [Online]. Available at: https://www.washingtonpost.com/world/transcript-putin-says-russia-will-protect-the-rights-of-russians-abroad/2014/03/18/432a1e60-ae99-11e3-a49e-76adc9210f19_story.html?utm_term=.6d532d8be341 [Accessed 18th March 2018].

Washington Post, (2017). Fingered for Trading in Russian Fake News. [Online]. Available at: https://www.washingtonpost.com/blogs/erik wemple/wp/2017/06/07/foxnews-com-fingered-for-trading-in-russian-fake news/?utm_term=.647f82ed21dc [Accessed 18th March 2018].

Weiss, G. W. (1996). The Farewell Dossier. Dumping the Soviets. *Studies in Intelligence. Central Intelligency Agency.* [Online] 39, 5. Available at: https://www.cia.gov/library/center-for-the-study-of-intelligence/csi-publications/csi-studies/studies/96unclass/farewell.htm [Accessed 20th January 2017]. Украина Сегодня, (2015). *'Cyberberkut' hacked Kyiv billboards.* [Online]. Available at: https://www.youtube.com/watch?v=E8A2MIkiavE [Accessed 18th March 2018].

【 注 】

1   Mazarr, M. J. (2015). *Mastering the Gray Zone: Understanding a Changing Era of Conflict.* Carlisle: U.S. Army War College Carlisle.

2   Caddell, J. W. (2004). *Deception 101-Primer on deception.* Carlisle Barracks, PA: Strategic Studies Institute, U.S. Army War College.

3   Caddell, J. W. (2004). *Deception 101-Primer on deception.* Carlisle Barracks, PA: Strategic Studies Institute, U.S. Army War College.

4   Rothstein, H., and Whaley, B. (2013). *The Art and Science of Military Deception (Artech House Intelligence and Information Operations).* New York: Artech House. OR Bacon, F. (1625). *Of Simulation and Dissimulation.* In Hawkins, M. J. (1973). Essays, London: J. M. Dent.

5   Rothstein, H., and Whaley, B. (2013). *The Art and Science of Military Deception (Artech House Intelligence and Information Operations).* New York: Artech House.

6   Caddell, J. W. (2004). *Deception 101-Primer on deception.* Carlisle Barracks, PA: Strategic Studies Institute, U.S. Army War College.

7   Daniel, D. C., and Herbig, L. K. (2013). *Strategic Military Deception: Pergamon Policy Studies on Security Affairs.* New York: Elsevier.

8   Rothstein, H., and Whaley, B. (2013). *The Art and Science of Military Deception (Artech House Intelligence and Information Operations).* New York: Artech House.

9   Caddell, J. W. (2004). *Deception 101-Primer on deception.* Carlisle Barracks, PA: Strategic Studies Institute, U.S. Army War College.

10   Rothstein, H., and Whaley, B. (2013). *The Art and Science of Military Deception (Artech House Intelligence and Information Operations).* New York: Artech House.

11   Caddell, J. W. (2004). *Deception 101-Primer on deception.* Carlisle Barracks, PA: Strategic Studies Institute, U.S. Army War College.

12   Caddell, J. W. (2004). *Deception 101-Primer on deception.* Carlisle Barracks, PA: Strategic Studies Institute, U.S. Army War College.

13   Caddell, J. W. (2004). *Deception 101-Primer on deception.* Carlisle Barracks, PA: Strategic Studies Institute, U.S. Army War College.

14 Caddell, J. W. (2004). *Deception 101-Primer on deception.* Carlisle Barracks, PA: Strategic Studies Institute, U.S. Army War College.

15 A. A. Grechko and N. V. Ogarkov (1993). Marshals of the Soviet Union [successive Chairmen of the Main Editorial Commission], *The Soviet Military Encyclopedia; English Language Edition*, Vol. 1, William C. Green and W. Robert Reeves, ed. and trans., Boulder, CO: Westview Press, pp. 345-346.

16 Medvedev, S. A. (2015). *Offense-defense theory analysis of Russian cyber capability.* PhD Thesis. Naval Postgraduate School.

17 Thomas, T. L. (2010). *Russian information warfare theory: The consequences of August 2008.* in *The Russian Military Today and Tomorrow: Essays in Memory of Mary Fitzgerald*, ed. Blank, J. S. and Weitz, R. Carlisle, PA: Strategic Studies Institute, pp. 265-301.

18 Thomas, T. L. (2010). *Russian information warfare theory: The consequences of August 2008.* in *The Russian Military Today and Tomorrow: Essays in Memory of Mary Fitzgerald*, ed. Blank, J. S. and Weitz, R. Carlisle, PA: Strategic Studies Institute, pp. 265-301.

19 Giles, K. (2011). *"Information Troops"–A Russian Cyber Command?*, Tallin: IEEE, pp. 43-59.

20 Medvedev, S. A. (2015). *Offense-defense theory analysis of Russian cyber capability.* PhD Thesis. Naval Postgraduate School.

21 Medvedev, S. A. (2015). *Offense-defense theory analysis of Russian cyber capability.* PhD Thesis. Naval Postgraduate School.

22 Fitzgerald, M. C. (1999). *Russian Views on IW, EW, and Command and Control: Implications for the 21st Century.* [Online]. Available at: http://www.dodccrp. org/events/1999_CCRTS/pdf_files/track_5/089fitzg.pdf, [Accessed: 28th January 2018].

23 *Ludendorff: Strategist* [online]. In:1992. Available http://www.dtic.mil/dtic/tr/fulltext/u2/a250915.pdf [Accessed 20th January 2017].

24 Fitzgerald, M. C. (1999). *Russian Views on IW, EW, and Command and Control: Implications for the 21st Century.* [Online]. Available at: http://www.dodccrp. org/events/1999_CCRTS/pdf_files/track_5/089fitzg.pdf, [Accessed: 28th January 2018].

25 Khalilzad, Zalmay, John P. White, and Andy W. Marshall, eds (1999).,

Strategic Appraisal: The Changing Role of Information in Warfare. [Online]. Available at https://www.rand.org/pubs/monograph_reports/MR1016.html. [Accessed: 28th January 2018].

26 United States. Department of State (1989). *Soviet influence activities: a report on active measures and propaganda, 1987-1988*. U.S. Dept of State, Washington.

27 今日では、ブログ、vlog、オンラインメディア、偽造されたデジタル文書、オーディオやビデオファイル、ソーシャルメディアアカウント、およびアバターがある。メディアと偽情報の配信プラットフォームの役割は、今日、オンラインコンテンツとチャネルによって強化されている。しかし、旧式のジャーナリストは、サイバー領域によってコンテンツの作成と宣伝がより簡単になり、最終的にはメディアを標的にするよりもずっと前に標的になった。ソビエト連邦のために影響工作に直接関与したKGBの影響力行使者であるスタニスラフ・レフチェンコ（Stanislav Levchenko）の証言によると、「*ソビエトの指導部は、ジャーナリストが西側では世論を形成する人々であり、影響力行使者になることができるとよく理解している。これは直接的な方法ではなく、ある種の間接的な方法には、2つのタイプの影響力行使者がいるためである。 第一は、ジャーナリスト、ビジネスマン、またはある種の政治家が採用される場合である。 第二は、彼が無意識に利用され、ソビエト連邦に有利な資料または情報資料を彼に届ける場合である。わたし自身、米国人、フランス人、またはドイツ人のジャーナリストにこのような情報資料を提供し、彼らがソビエト連邦の宣伝のためにそれをうまく利用したので、わたしは完全に責任を持って話している。それはうそではなかった。それはよく準備された偽情報であった*」。Department of State (1989). *Soviet influence activities: a report on active measures and propaganda, 1987-1988*. U.S. Dept of State, Washington.

28 現在では、国内政策ならびに国家安全保障、民主主義制度、または市民社会といった国内権益にも焦点を当てている。

29 今日ではまた、偽装組織の目的である国際支援を計画するために、機知に富んだ、また無意識の役人や要人を引き付けるハイレベルのフォーラムも行われている。

30 今日のロシア連邦は、欧州諸国の分裂する政治勢力といったロシアの権益を優先して政策を推進するために、秘密裏に偽装組織も使用している。

31 Heickerö, R. (2010). *Emerging cyber threats and Russian views on Information warfare and Information operations*. Defence Analysis, Swedish Defence

Research Agency (FOI). [Online]. Available at: http://www.highseclabs.com/data/foir2970.pdf [Accessed: 28th January 2018].

32 Thomas, L. T. (2004). *Russia's reflexive control theory and the military*. Journal of Slavic Military Studies, 17.2, pp. 237-256.

33 Ward, Amanda. *The Okhrana and the Cheka: Continuity and Change* [online]. 2014 [cit. 2018-01-30]. Available atat: https://etd.ohiolink.edu/!etd.send_ file?accession=ohiou1398772391. Ohio University. [Accessed 20th January 2017].

34 Giles, K. (2011). *"Information Troops"–A Russian Cyber Command?*, Tallin: IEEE, pp. 43-59.

35 Giles, K. (2011). *"Information Troops"–A Russian Cyber Command?*, Tallin: IEEE, pp. 43-59.

36 A comparison of the US and Societ economies: Evaluating the performance of the Soviet system. In: *CIA historical review program release as sanitized* [online]. 1999 Available at: https://www.cia.gov/library/readingroom/docs/DOC_0000497165.pdf [Accessed 20th January 2017].

37 Weiss, G. W. (1996). The Farewell Dossier. Dumping the Soviets. *Studies in Intelligence*. Central Intelligency Agency. [Online] 39, 5. Availble at: https://www.cia.gov/library/centr for the study of intelligence/csi publications/csi studies/studies/96unclass/farewell.htm [Accessed 20th January 2017].

38 Erger, A. (2005). Yoda and the Jedis: The Revolution in Military Affairs and the Transformation of War. *The OST's Publication on Science & Technology Policy*. [Online] 7. Available at: http://www.ostina.org/content/view/274/ [Accessed 20th January 2017].

39 Hogan, H. (1967). *Lenin's Theory of Reflection. Master's Thesis*. McMaster University.

40 Dailey, B. D. and Parker P. (1987). *Soviet Strategic Deception*. Stanford: Hoover Institution Press.

41 Kasapoglu, C. (2015). Russia's Renewed Military Thinking: Non-Linear Warfare and Reflective Control. *Research Paper. Rome: Research Division – NATO Defence College*. [Online] 121. Available at: http://www.ndc.nato.int/news/news.php?icode=877 [Accessed: 28th October 2017].

42 Rothstein, H., and Whaley, B. (2013). *The Art and Science of Military*

Deception (Artech House Intelligence and Information Operations). New York: Artech House.

43 Taham, S. (2013). *U.S. Governmental Information Operations and Strategic Communications: A Discredited Tool Or User Failure?* : Implications for Future Conflict. Carlisle Barracks, PA: Strategic Studies Institute, U.S. Army War College.

44 Either Dailey, B. D. and Parker P. (1987). Soviet Strategic Deception. Stanford: Hoover Institution Press. or Thomas, L. T. (2004). Russia's reflexive control theory and the military. Journal of Slavic Military Studies, 17.2, 237-256.

45 Dailey, B. D. and Parker P. (1987). *Soviet Strategic Deception*. Stanford: Hoover Institution Press.

46 Dailey, B. D. and Parker P. (1987). *Soviet Strategic Deception*. Stanford: Hoover Institution Press.

47 Thomas, L. T. (2004). Russia's reflexive control theory and the military. *Journal of Slavic Military Studies*, 17.2, pp. 237-256.

48 Operations Mincemeat, Fortitude as part of Bodyguard strategy.

49 Reid, C. (1987). "Reflexive Control in Soviet Military Planning,". In Dailey, B. D. and Parker P., *Soviet Strategic Deception*. Stanford: Hoover Institution Press.

50 Reid, C. (1987). "Reflexive Control in Soviet Military Planning,". In Dailey, B. D. and Parker P., *Soviet Strategic Deception*. Stanford: Hoover Institution Press.

51 ソビエトの考え方における卓越性の起源は、レーニンの「何をすべきか」の小冊子にも基づいている。そこで彼は、共産党戦略の不可欠な要素としての宣伝、扇動、政治的欺瞞の重要性を説明した。O'Brien, T. N. (1989). *Russian Roulette: Disinformation in the U.S. Government and News Media. Master's Thesis*. South Carolina University Columbia.

52 Kasapoglu, C. (2015). Russia's Renewed Military Thinking: Non-Linear Warfare and Reflective Control. *Research Paper. Rome: Research Division – NATO Defence College*. [Online] 121. Available at: http://www.ndc.nato.int/news/news.php?icode=877# [Accessed: 28th October 2017].

53 Kasapoglu, C. (2015). Russia's Renewed Military Thinking: Non-Linear

Warfare and Reflective Control. *Research Paper. Rome: Research Division – NATO Defence College*. [Online] 121. Available at: http://www.ndc.nato.int/news/news.php?icode=877# [Accessed: 28th October 2017].

54   Kasapoglu, C. (2015). Russia's Renewed Military Thinking: Non-Linear Warfare and Reflective Control. *Research Paper. Rome: Research Division – NATO Defence College*. [Online] 121. Available at: http://www.ndc.nato.int/news/news.php?icode=877# [Accessed: 28th October 2017].

55   Hostile code and hostile content.

56   Hostile code.

57   Hostile code.

58   Hostile content.

59   Thomas, L. T. (2004). Russia's reflexive control theory and the military. *Journal of Slavic Military Studies*, 17.2, pp. 237-256.

60   Rothstein, H. and Whaley, B. (2013). *The Art and Science of Military Deception (Artech House Intelligence and Information Operations)*. New York: Artech House.

61   Corman, S. R., and Dooley, K. J. (2009). *Strategic Communication on a Rugged Landscape. Principles for Finding the Right Message*. Consortium for Strategic Communication, Arizona State University. Tucson.

62   Thomas, L. T. (1996). Russian Views on Information-Based Warfare. *Airpower Journal*, Special. Edition, pp. 25-35.

63   Thomas, L. T. (2004). Russia's reflexive control theory and the military. *Journal of Slavic Military Studies*, 17.2, pp. 237-256.

64   Thomas, L. T. (2004). Russia's reflexive control theory and the military. *Journal of Slavic Military Studies*, 17.2, pp. 237-256.

65   Kramer, D. F., Starr, S. and Wentz, H. L. (2009). *Cyberpower and National Security*. Dulles: Potomac Books, Inc.

66   Gilbert, D. T. (1991). *How Mental Systems Believe*. American Psychologist. [Online] 46. Available at: http://www.danielgilbert.com/Gillbert%20(How%20Mental%20Systems%20Believe).PDF [Accessed: 28th January 2018].

67   Panagiotis, O. (2016). *Strategic Military Deception. Prerequisites of Success in Technological Environment*. Available at: [Accessed: 28th January 2018].

68   Panagiotis, O. (2016). *Strategic Military Deception. Prerequisites of Success in Technological Environment*. Available at: [Accessed: 28th January 2018].

69 Panagiotis, O. (2016). *Strategic Military Deception. Prerequisites of Success in Technological Environment.* Available at: [Accessed: 28th January 2018].

70 Korotchenko, Y. G. (1996). Information-Psychological Warfare in Modern Conditions. Military Thought. English edition. pp. 22-27.

71 Komov, S. A. (1997). About Methods and Forms of Conducting Information Warfare. Military Thought. English edition. pp. 18-22.

72 Ionov, M.D. (1995). On Reflective Enemy Control in a Military Conflict. Military Thought. English edition. pp. 45-50.

73 Dailey, B. D. and Parker P. (1987). *Soviet Strategic Deception.* Stanford: Hoover Institution Press.

74 Information security in the Russian perception represented by three layers in the previous chapter of this study.

75 Thomas, Timothy. "Russia's reflexive control theory and the military." *Journal of Slavic Military Studies* 17.2 (2004): 237-256.

76 Thomas, Timothy. "Russia's reflexive control theory and the military." *Journal of Slavic Military Studies* 17.2 (2004): 237-256.

77 Fitzgerald, M. C. (1999). *Russian Views on IW, EW, and Command and Control: Implications for the 21st Century.* [Online]. Available at: [Accessed: 28th January 2018].

78 Ionov, M.D. (1995). On Reflective Enemy Control in a Military Conflict. Military Thought. English edition. p. 45-50.

79 Komov, S. A. (1997). About Methods and Forms of Conducting Information Warfare. Military Thought. English edition. pp. 18-22.

80 General Valery Gerasimov, the Chief of General Staff emerged in *Voyenno-Promyshlennyy Kuryer* In McDermott, R. (2014). *Gerasimov Unveils Russia's 'Reformed' General Staff. Eurasia.* Daily Monitor Volume: 11 Issue: 27. [Online]. Available at: https://jamestown.org/program/gerasimov-unveils-russias-reformed-general-staff/ [Accessed: 28th January 2018].

81 Russian Federation. President of the Russian Federation.(2000). *Information Security Doctrine of the Russian Federation.* [Online]. Available at: https://info.publicintelligence.net/RU-InformationSecurity-2000.pdf [Accessed 20th January 2017].

82 Russian Federation. President of the Russian Federation (2015). *Doctrine*

of *information Security of the Russian Federation*. [Online]. Available at: http://www.mid.ru/en/foreign_policy/official_documents/-/asset_publisher/CptICkB6BZ29/content/id/2563163 [Accessed 20th January 2017].

83   Russian Federation. President of the Russian Federation 2015). *Russian Federation National Security Strategy*. [Online]. Available atfrom: http://www.ieee.es/Galerias/fichero/OtrasPublicaciones/Internacional/2016/Russian-National-Security-Strategy-31Dec2015.pdf [Accessed 20th January 2017].

84   Russian Federation. President of the Russian Federation (2010). *Military doctrine of the Russian Federation*. [Online]. Available at:http://carnegieendowment.org/files/2010russia_military_doctrine.pdf [Accessed 20th January 2017].

85   Russian Federation. President of the Russian Federation (2010). *Russian Federation Armed Forces' Information Space Activities Concept*. [Online]. Available at: http://eng.mil.ru/en/science/publications/more.htm?id=10845074@cmsArticle [Accessed 20th January 2017].

86   Military Review, (2016). *The Value of Science Is in the Foresight New Challenges Demand Rethinking the Forms and Methods of Carrying out Combat Operations*. [Online]. Available at: https://usacac.army.mil/CAC2/MilitaryReview/Archives/English/MilitaryReview_20160228_art008.pdf [Accessed 18th March 2018].

87   Russian Federation. President of the Russian Federation (2014). *The Military Doctrine of the Russian Federation*. [Online]. Available at: https://rusemb.org.uk/press/2029 [Accessed 20th January 2017].

88   Russian Federation. President of the Russian Federation (2016). *Doctrine of Information Security of the Russian Federation*. [Online]. Available at: http://www.mid.ru/en/foreign_policy/official_documents/ /asset_publisher/CptICkB6BZ29/content/id/2563163 [Accessed 20th January 2017].

89   The New York Times, (2015). *The Agency*. [Online]. Available at: https://www.nytimes.com/2015/06/07/magazine/the-agency.html [Accessed 18th March 2018].

90   President Trump signs into law U.S. government ban on Kaspersky Lab software. *Reuters* [online]. Available at: https://www.reuters.com/article/us-usa-cyber-kaspersky/trump-signs-into-law-u-s-government-ban-on-kaspersky-

lab-software-idUSKBN1E62V4 [Accessed 18th March 2018]. https://
www.reuters.com/article/us-usa-cyber-kaspersky/trump-signs-into-law-u-s-
government-ban-on-kaspersky-lab-software-idUSKBN1E62V4

91 US slaps China's ZTE with 7-year components ban for breaching terms
of sanctions settlement. *South China morning post*. [online]. Available at:
httpshttp://www.scmp.com/business/companies/article/2142002/us-slaps-zte-
seven-year-components-ban-breaching-terms-sanctions [Accessed 18th March
2018].

92 Washington Post, (2014). Putin says Russia will protect the rights of
Russian abroad. [Online]. Available at: https://www.washingtonpost.com/
world/transcript-putin-says-russia-will-protect-the-rights-of-russians-
abroad/2014/03/18/432a1e60-ae99-11e3-a49e-76adc9210f19_story.
html?utm_term=.6d532d8be341 [Accessed 18th March 2018].

93 NATO Cooperative Cyber Defence Centre of Excellence, (2015). *An
Updated Draft of the Code of Conduct Distributed in the United Nations – What's
New?* [Online]. Available at: https://ccdcoe.org/updated-draft-code-conduct-
distributed-united-nations-whats-new.html#footnote3_7g6pxbk [Accessed
18th March 2018].

94 See, e.g.: Carr, J. and Dao, ´ D. (2011). *"4 Problems with China and Russia's
International Code of Conduct for Information Security"*, and Dao, 'D. and Giles,
K. 2011). *"Russia's Public Stance on Cyberspace Issues"*, in Czosseck, Ch. Ottis,
F. And Ziolkowski, K. (eds.) (2012). 4th International Conference on Cyber
Conflict. Tallin: NATO CCD COE Publications.

95 本書の後半で説明する、NATO CCD CoEのWebサイトMirotvorceへの関与
に関するニュースなど。

96 See chapter "Cyber power in Russia"

97 Weiss, G. W. (1996). The Farewell Dossier. Dumping the Soviets. *Studies
in Intelligence. Central Intelligency Agency.* [Online] 39, 5. Availible at: https://
www.cia.gov/library/centr for the study of intelligence/csi publications/csi
studies/studies/96unclass/farewell.htm [Accessed 20th January 2017].

98 EFJ, (2017). *Russian 'foreign agents' media law threatens media freedom.*
[Online]. Available at: https://europeanjournalists.org/blog/2017/11/28/
russian-foreign-agents-media-law-threatens-media-freedom/ [Accessed 18th

March 2018].

99 VOA News, (2018). *Russia's Foreign Agent Law Has Chilling Effect On Civil Society Groups, NGOs*. [Online]. Available at: https://www.voanews.com/a/ russia-labels-media-outlets-as-foreign-agents/4221609.html [Accessed 18th March 2018].

100 Interestingly, Russian agents of influence circumvent the U.S. FARA legislation by registering themselves as NGOs. In: MCFaul, M. (2017) 6th January. Available at https://twitter.com/McFaul [(Accessed: 18th March 2017].

101 The Moscow Times, (2014). *Vkontakte Founder Says Sold Shares Due to FSB Pressure*. [Online]. Available at: https://themoscowtimes.com/news/vkontakte-founder-says-sold-shares-due-to-fsb-pressure-34132 [Accessed 18th March 2018]. And Business Insider, (2014). and The Moscow Times, (2014). *Putin Has Taken Control Of Russian Facebook*. [Online]. Available at: http://www. businessinsider.com/putin-has-taken-control-of-russian-facebook-2014-4 [Accessed 18th March 2018].

102 ORM or Systema Operativno‐Razisknikh Meropriatiy‐the System of Operative‐Search Measures on Communications (comms interception) In: Soldatov, A. (2014). Russia's communications interception practices (SORM) [presentation] *Agentura.Ru*. [Online]. Available at: http://www.europarl.europa. eu/meetdocs/2009_2014/documents/libe/dv/soldatov_presentation_/soldatov_ presentation_en.pdf [Accessed: 7th June 2017].

103 Created by a presidential decree In: [Online]. Availible at: http://static. kremlin.ru/media/events/files/41d4a95e0e2d01da1117.pdf [Accessed 18th March 2018].

104 中核組織の公式リストによると、RTはロシア連邦にとって戦略的に重要な組織である。*The list of backbone organizations, approved by the Government Commission to improve the sustainability of the development of the Russian economy.* [Online]. Available at: https://web.archive.org/web/20081227071316/http:/ www.government.ru/content/governmentactivity/mainnews/33281de212bf49f dbf39d611cadbae95.doc [Accessed 18th March 2018].

105 In case you weren't clear on Russia Today's relationship to Moscow, Putin clears it up. *The Washington Post* [online]. Available at: https://www.

washingtonpost.com/news/worldviews/wp/2013/06/13/in-case-you-werent-clear-on-russia-todays-relationship-to-moscow-putin-clears-it-up/?noredirect=on&utm_term=.9be5f64c0a34 [Accessed 18th March 2018]. ab3a708f83d4

106   Radio Free Europe Radio Liberty, (2015). *Russian TV Deserters Divulge Details On Kremlin's Ukraine 'Propaganda'* [Online]. Available at: https://www.rferl.org/a/russian-television-whistleblowers-kremlin-propaganda/27178109.html [Accessed 18th March 2018].

107   Human Rights First, (2017). *Russian Influence in Europe*. [Online]. Available at: https://www.humanrightsfirst.org/resource/russian-influence-europe [Accessed 18th March 2018].

108   NATO Cooperative Cyber Defence Centre of Excellence, (2015). *An Updated Draft of the Code of Conduct Distributed in the United Nations – What's New?* [Online]. Available at: https://ccdcoe.org/updated-draft-code-conduct-distributed-united-nations-whats-new.html#footnote3_7g6pxbk [Accessed 18th March 2018].

109   DW News, (2018). *Russia moves toward creation of an independent internet*. [Online]. Available at: http://www.dw.com/en/russia-moves-toward-creation-of-an independent-internet/a-42172902 [Accessed 18th March 2018].

110   Medvedev, S. A. (2015). *Offense-defense theory analysis of Russian cyber capability*. PhD Thesis. Naval Postgraduate School.

111   Reuters, (2017). Russia's RT America registers as 'foreign agent' in U.S. [Online]. Available at: https://www.reuters.com/article/us-russia-usa-media-restrictions-rt/russias-rt-america-registers-as-foreign-agent-in-u-s-idUSKBN1DD25B [Accessed 18th March 2018].

112   For example the cases of Alexandr Kuranov and Vladimir Snergirev.

113   Thomas, L. T. (1996). Russian Views on Information-Based Warfare. *Airpower Journal*, Special. Edition, pp. 25-35.

114   Fink, A. L. (2017). *The Evolving Russian Concept of Strategic Deterrence: Risks and Responses*. Arms Control Association. [Online]. Available at: https://www.armscontrol.org/act/2017-07/features/evolving-russian-concept-strategic-deterrence-risks-responses [Accessed: 28th January 2018].

115   Bruusgaard, Ven K. (2016). *Global Politics and Strategy August–September*

2016. IISS. Survival. Global Politics and Strategy, [Online]. Available at: https://www.iiss.org/en/publications/survival/sections/2016-5e13/survival--global-politics-and-strategy-august-september-2016-2d3c/58-4-02-ven-bruusgaard-45ec [Accessed: 7th June 2016].

116　DW: Russia moves toward creation of an independent internet [online]. Available at: https://www.dw.com/en/russia-moves-toward-creation-of-an-independent-internet/a-42172902 [Accessed 20th January 2017

[117]　[online]. Available at: http://www.ieee.es/Galerias/fichero/OtrasPublicaciones/Internacional/2016/Russian-National-Security-Strategy-31Dec2015.pdf [Accessed 20th January 2017].

117　[online]. Available at: http://www.ieee.es/Galerias/fichero/OtrasPublicaciones/Internacional/2016/Russian-National-Security-Strategy-31Dec2015.pdf [Accessed 20th January 2017].

118　Russian Federation. President of the Russian Federation 2015). *Russian Federation National Security Strategy*. [Online]. Available at: http://www.ieee.es/Galerias/fichero/OtrasPublicaciones/Internacional/2016/Russian-National-Security-Strategy-31Dec2015.pdf [Accessed 20th January 2017].

119　Russian Federation. President of the Russian Federation (2010). Military doctrine of the Russian Federation. [Online]. Available at:http://carnegieendowment.org/files/2010russia_military_doctrine.pdf [Accessed 20th January 2017].

120　「軍事ドクトリンは、ロシア連邦の国益とその同盟国の権益を擁護するための政治的、外交的、法的、経済的、環境的、情報的、軍事的、およびその他の手段の行使に対するロシア連邦の遵守を反映している」

121　Russian Federation. President of the Russian Federation (2010). *Military doctrine of the Russian Federation*. [Online]. Available at:http://carnegieendowment.org/files/2010russia_military_doctrine.pdf [Accessed 20th January 2017].

122　Russian Federation. President of the Russian Federation (2010). *Military doctrine of the Russian Federation*. [Online]. Available at:http://carnegieendowment.org/files/2010russia_military_doctrine.pdf [Accessed 20th January 2017].

123　Russian Federation. President of the Russian Federation (2010).

Military doctrine of the Russian Federation. [Online]. Available at: http://carnegieendowment.org/files/2010russia_military_doctrine.pdf [Accessed 20th January 2017].

124   Russian Federation. President of the Russian Federation (2010). *Military doctrine of the Russian Federation.* [Online]. Available at: http://carnegieendowment.org/files/2010russia_military_doctrine.pdf [Accessed 20th January 2017].

125   Medvedev, S. A. (2015). *Offense-defense theory analysis of Russian cyber capability.* PhD Thesis. Naval Postgraduate School.

126   [online].   Available at: https://icds.ee/natos-cyber-defence-after-warsaw/ Vyhlaseni [Accessed 20th January 2017].

127   Ministry of Defence of the Russian Federation (2000). *Russian Federation Armed Forces' Information Space Activities Concept.* [Online]. Available at: http://eng.mil.ru/en/science/publications/more.htm?id=10845074@cmsArticle [Accessed 20th January 2017].

128   Ministry of Defence of the Russian Federation (2000). *Russian Federation Armed Forces' Information Space Activities Concept.* [Online]. Available at: http://eng.mil.ru/en/science/publications/more.htm?id=10845074@cmsArticle [Accessed 20th January 2017].

129   Ministry of Defence of the Russian Federation (2000). *Russian Federation Armed Forces' Information Space Activities Concept.* [Online]. Available at: http://eng.mil.ru/en/science/publications/more.htm?id=10845074@cmsArticle [Accessed 20th January 2017].

130   Ministry of Defence of the Russian Federation (2000). *Russian Federation Armed Forces' Information Space Activities Concept.* [Online]. Available at: http://eng.mil.ru/en/science/publications/more.htm?id=10845074@cmsArticle [Accessed 20th January 2017].

131   Ministry of Defence of the Russian Federation (2000). *Russian Federation Armed Forces' Information Space Activities Concept.* [Online]. Available at: http://eng.mil.ru/en/science/publications/more.htm?id=10845074@cmsArticle [Accessed 20th January 2017].

132   Ministry of Defence of the Russian Federation (2000). *Russian Federation Armed Forces' Information Space Activities Concept.* [Online]. Available at: http://

eng.mil.ru/en/science/publications/more.htm?id=10845074@cmsArticle [Accessed 20th January 2017].

133   General Valery Gerasimov, the Chief of General Staff emerged in *Voyenno-Promyshlennyy Kuryer* In McDermott, R. (2014). *Gerasimov Unveils Russia's 'Reformed' General Staff. Eurasia.* Daily Monitor Volume: 11 Issue: 27. [Online].

134   General Valery Gerasimov, the Chief of General Staff emerged in *Voyenno-Promyshlennyy Kuryer* In McDermott, R. (2014). *Gerasimov Unveils Russia's 'Reformed' General Staff. Eurasia.* Daily Monitor Volume: 11 Issue: 27. [Online].

135   General Valery Gerasimov, the Chief of General Staff emerged in *Voyenno-Promyshlennyy Kuryer* In McDermott, R. (2014). *Gerasimov Unveils Russia's 'Reformed' General Staff. Eurasia.* Daily Monitor Volume: 11 Issue: 27. [Online].

136   Russian Federation. President of the Russian Federation (2014). *The Military Doctrine of the Russian Federation.* [Online]. Available at: https://rusemb.org.uk/press/2029 [Accessed 20th January 2017].

137   Worldview Stratfor: The Future of Russia's Military: Part 1 [online]. Available at: https://worldview.stratfor.com/article/future-russias-military-part-1 [Accessed: 28th January 2018].

138   Tatham, S. (2013). *U.S. Governmental Information Operations and Strategic Communications: A Discredited Tool Or User Failure? : Implications for Future Conflict.* Carlisle Barracks, PA: Strategic Studies Institute, U.S. Army War College.

139   Crutcher, M. H. (2000). *The Russian armed forces at the dawn of the millennium.* Carlisle: U.S. Army War College Carlisle and Thomas, Timothy L. (2000). *The Russian View Of Information War.* In The Russian Armed Forces at the Dawn of the Millenium. [Online]. Available at: www.dtic.mil/dtic/tr/fulltext/u2/a423593.pdf [(Accessed: 28th January 2018].

140   Tatham, S. (2013). *U.S. Governmental Information Operations and Strategic Communications: A Discredited Tool Or User Failure? : Implications for Future Conflict.* Carlisle Barracks, PA: Strategic Studies Institute, U.S. Army War College.

141   Crutcher, M. H. (2000). *The Russian armed forces at the dawn of the millennium.* Carlisle: U.S. Army War College Carlisle and Thomas, Timothy L. (2000). *The Russian View Of Information War.* In The Russian Armed Forces

at the Dawn of the Millenium. [Online]. Available at: www.dtic.mil/dtic/tr/fulltext/u2/a423593.pdf [Accessed: 28th January 2018].

142 Thomas, L. T. (2004). Russia's reflexive control theory and the military. *Journal of Slavic Military Studies*, 17.2, pp. 237-256.

143 Komov, S. A. (1997). About Methods and Forms of Conducting Information Warfare. *Military Thought*, 4, pp. 18-22.

144 Komov, S. A. (1997). About Methods and Forms of Conducting Information Warfare. *Military Thought*, 4, pp. 18-22.

145 Komov, S. A. (1997). About Methods and Forms of Conducting Information Warfare. *Military Thought*, 4, pp. 18-22.

146 FitzGerald, M. C. (1999). *Russian Views on IW, EW, and Command and Control: Implications for the 21st Century*. [Online]. Available at: http://www.dodccrp.org/events/1999_CCRTS/pdf_files/track_5/089fitzg.pdf [Accessed: 28th January 2018].

147 Thomas, L. T. (2004). Russia's reflexive control theory and the military. *Journal of Slavic Military Studies*, 17.2, pp. 237-256.

148 L'Express, (2015). *Piratage de TV5 Monde: l'enquête s'oriente vers la piste russe*. [Online]. Available at: https://www.lexpress.fr/actualite/medias/piratage-de-tv5-monde-la-piste-russe_1687673.html [Accessed 18 March 2018].

149 Trend Micro, (2016). *Operation Pawn Storm: Fast Facts and the Latest Developments*. [Online]. Available at: https://www.trendmicro.com/vinfo/us/security/news/cyber-attacks/operation-pawn-storm-fast-facts [Accessed 18 March 2018].

150 要求の過負荷によるサービス妨害。

151 分散型サービス妨害は計算能力を備えたデバイスのネットワークを利用し、情報源の能力、この場合は政府情報ポータルをホストするWebサーバーの能力に過負荷をかける。

152 Komov, S. A. (1997). About Methods and Forms of Conducting Information Warfare. *Military Thought*, 4, pp. 18-22.

153 この情報は、ロシアからウクライナに向けてかけられた現在進行中の事件やサイバーセキュリティの脅威についての直接の知識と理解を有するウクライナの法執行高官との密室インタビューの際に得られたものである。

154 RT, (2015). *NATO trace 'found' behind witch hunt website in Ukraine*. [Online].

Available at: https://www.rt.com/news/253117-nato-ukraine-terrorsite/ [Accessed 15th February 2018].

155　NATO Cooperative Cyber Defence Centre of Excellence. [Online]. Available at: https://ccdcoe.org/index.html [Accessed 18th March 2018].

156　VOA NEWS, (2017). *Sinister Text Messages Reveal High tech Front in Ukraine War.* [Online]. Available at: https://www.voanews.com/a/sinister-text-messages-high tech-frony-ukraine-war/3848034.html [Accessed 18th March 2018].

157　Russian Military Review, (2015). *День инноваций ЮВО: комплекс РЭБ РБ-341В «Леер-3».* [Online]. Available at: https://archive.is/MDecB [Accessed 18th March 2018].

158　Inform Napalm, (2016). *Russian Leer-3 EW system revealed in Donbas.* [Online]. Available at: https://informnapalm.org/en/russian-leer-3wf-donbas/ [Accessed 18th March 2018].

159　高級将校、すなわちNATO国の参謀本部議長に近い幕僚との会話に基づき、その物語になった。

160　Digital Forensic Research Lab, (2017). *Russia's Fake "Electronic Bomb". How a fake based on a parody spread to the Western mainstream.* [Online]. Available at: https://medium.com/dfrlab/russias-fake-electronic-bomb-4ce9dbbc57f8 [Accessed 18th March 2018].

[161]　U. S. Department of Defense, (2014). *Russian Aircraft Flies Near U.S. Navy Ship in Black Sea.* [Online]. Available at: http://archive.defense.gov/news/newsarticle.aspx?id=122052 [Accessed 18th March 2018].

161　U. S. Department of Defense, (2014). *Russian Aircraft Flies Near U.S. Navy Ship in Black Sea.* [Online]. Available at: http://archive.defense.gov/news/newsarticle.aspx?id=122052 [Accessed 18th March 2018].

162　Digital Forensic Research Lab, (2017). *Russia's Fake "Electronic Bomb". How a fake based on a parody spread to the Western mainstream.* [Online]. Available at: https://medium.com/dfrlab/russias-fake-electronic-bomb-4ce9dbbc57f8 [Accessed 18th March 2018].

163　Sputnik News (2014). *Russische SU-24 legt amerikanischen Zerstörer lahm.* [Online]. Available at: https://de.sputniknews.com/meinungen/20140421268324381-Russische-SU-24-legt-amerikanischen-

Zerstrer-lahm/ [Accessed 18th March 2018].

[164] RG RU, (2016). *Что напугало американский эсминец*. [Online]. Available at: https://rg.ru/2014/04/30/reb-site.html [Accessed 18th March 2018].

164 RG RU, (2016). *Что напугало американский эсминец*. [Online]. Available at: https://rg.ru/2014/04/30/reb-site.html [Accessed 18th March 2018].

165 Voltaire Network, (2016). *About Voltaire Network*. [Online]. Available at: http://www.voltairenet.org/article150341.html [Accessed 18th March 2018].

166 Info Wars. [Online]. Available at: https://www.infowars.com/ [Accessed 18th March 2018].

167 Info Wars, (2014). *Russians Disable U.S. Guided Missile Destroyer*. [Online]. Available at: https://www.infowars.com/russians-disable-u-s-guided-missile-destroyer/ [Accessed 18th March 2018].

168 Concern Radio Electronic Technologies. [Online]. Available at: http://rostec.ru/en/about/companies/346/ [Accessed 18th March 2018].

169 NDE7, (2015). Russian EW-technologies are among the most advanced in the Word. [Online]. Available at: http://archive.is/NDE7r#selection 837.0 839.1 [Accessed 18th March 2018].

170 Digital Forensic Research Lab, (2017). *Russia's Fake "Electronic Bomb". How a fake based on a parody spread to the Western mainstream*. [Online]. Available at: https://medium.com/dfrlab/russias-fake-electronic-bomb-4ce9dbbc57f8 [Accessed 18th March 2018].

171 この分野の主要な人物による虚偽のコメントは、物語を人々に売り、彼らの疑いを覆すことを目的としている。

172 Vesti News, (2017). *Electronic Warfare: How to Neutralize the Enemy Without a SingleShot*. [Online] Available at: https://www.youtube.com/watch?v=vI4uS3 07ydk&feature=youtu.be [Accessed 18 March 2018].

173 Digital Forensic Research Lab, (2017). *Russia's Fake "Electronic Bomb". How a fake based on a parody spread to the Western mainstream*. [Online]. Available at: https://medium.com/dfrlab/russias-fake-electronic-bomb-4ce9dbbc57f8 [Accessed 18th March 2018].

174 Washington Post, (2017). *Fingered for Trading in Russian Fake News*. [Online]. Available at: https://www.washingtonpost.com/blogs/erik wemple/wp/2 017/06/07/foxnews-com-fingered-for-trading-in-russian-fake

news/?utm_term=.647f82ed21dc [Accessed 18th March 2018].

175   United States. Dept. of State (1989). *Soviet influence activities: a report on active measures and propaganda, 1987-1988.* New York: U.S. Dept. of State.

176   Kragh, M. and Åsberg, S. (2017). Russia's strategy for influence through public diplomacy and active measures: the Swedish case. *Journal of Strategic Studies*, 40.6, pp.773-816.

177   CyberBerkut (2014). *CyberBerkut hacked Kiev digital billboards.* [Online]. Available at: https://cyber-berkut.org/en/olden/index2.php [Accessed 20th January 2017].

178   Украина Сегодня, (2015). *'Cyberberkut' hacked Kyiv billboards.* [Online]. Available at: https://www.youtube.com/watch?v=E8A2MIkiavE [Accessed 18th March 2018].

179   DEF CON (also written as DEFCON, Defcon, or DC), one of the world's largest hacker conventions. [Online]. Available at: https://www.defcon.org/ [Accessed 20th January 2017].

180   Tottenkoph, R. (2016). Hijacking the Outdoor Digital Billboard [PowerPoint presentation]. *DEF CON Hacking Conference.* [Online]. Available at: https://www.defcon.org/images/defcon-16/dc16-presentations/defcon-16-tottenkoph-rev-philosopher.pdf [Accessed: 7th June 2016].

181   CyberBerkut (2014). *E-mail of the Ukrainian Ministry of Defense colonel has been hacked* [Online]. Available atfrom: https://cyber-berkut.org/en/olden/index2.php [Accessed 20th January 2017].

182   CyberBerkut (2014). *New punishers' losses data in the South-East.* [Online]. Available at: https://cyber-berkut.org/en/olden/index2.php [Accessed 20th January 2017].

183   Украина Сегодня, (2015). *'Cyberberkut' hacked Kyiv billboards.* [Online]. Available at: https://www.youtube.com/watch?v=E8A2MIkiavE [Accessed 18th March 2018].

184   Shoulder-mounted missile launcher

185   Logvinov, A. (2015). *Ukrainian rebels make fake video using weapons from the game 'Battlefield 3'.* Meduza. [Online]. Available at: https://meduza.io/en/lion/2015/07/23/ukrainian-rebels-make-fake-video-using-weapons-from-the-game-battlefield-3 [Accessed: 28th January 2018].

注

186　Thomas, L. T. (2004). Russia's reflexive control theory and the military. *Journal of Slavic Military Studies*, 17.2, pp. 237-256.

187　CyberBerkut (2014). *CyberBerkut suspended the operation of the Ukrainian Central Election Commission.* [Online]. Available at: https://cyber-berkut.org/en/olden/index2.php [Accessed 20th January 2017].

188　Fitzgerald, M. C. (1999). *Russian Views on IW, EW, and Command and Control: Implications for the 21st Century.* [Online]. Available at: http://www.dodccrp.org/events/1999_CCRTS/pdf_files/track_5/089fitzg.pdf [Accessed: 28th January 2018].

189　Fitzgerald, M. C. (1999). *Russian Views on IW, EW, and Command and Control: Implications for the 21st Century.* [Online]. Available at: http://www.dodccrp.org/events/1999_CCRTS/pdf_files/track_5/089fitzg.pdf [Accessed: 28th January 2018].

190　Fitzgerald, M. C. (1999). *Russian Views on IW, EW, and Command and Control: Implications for the 21st Century.* [Online]. Available at: http://www.dodccrp.org/events/1999_CCRTS/pdf_files/track_5/089fitzg.pdf [Accessed: 28th January 2018].

191　たとえば、技術、衛星、通信回線、または意思決定サイクルの人的要素の心理的ターゲティングの場合。

192　Fitzgerald, M. C. (1999). *Russian Views on IW, EW, and Command and Control: Implications for the 21st Century.* [Online]. Available at: http://www.dodccrp.org/events/1999_CCRTS/pdf_files/track_5/089fitzg.pdf [Accessed: 28th January 2018].

193　Fitzgerald, M. C. (1999). *Russian Views on IW, EW, and Command and Control: Implications for the 21st Century.* [Online]. Available at: http://www.dodccrp.org/events/1999_CCRTS/pdf_files/track_5/089fitzg.pdf [Accessed: 28th January 2018].

194　Fitzgerald, M. C. (1999). *Russian Views on IW, EW, and Command and Control: Implications for the 21st Century.* [Online]. Available at: http://www.dodccrp.org/events/1999_CCRTS/pdf_files/track_5/089fitzg.pdf [Accessed: 28th January 2018].

195　Key takeaways from an event "Understanding Russian Strategic Behavior Project", Research Seminar, George C. Marshall Center.

196 チャタムハウスのルールによると、著者が開示できないのか、またはコンテンツが帰属するのかである。

197 Calhoun, L. (2018). Elon Musk Just Sent More Stuff Into Space – This Time, It's Even Better Than the Roadster. Inc. [Online]. Available at: [Accessed: 28th January 2018].

198 Fitzgerald, M. C. (1999). *Russian Views on IW, EW, and Command and Control: Implications for the 21st Century*. [Online]. Available at: http://www.dodccrp.org/events/1999_CCRTS/pdf_files/track_5/089fitzg.pdf [Accessed: 28th January 2018].

199 Godson, R. (2017). *Written Testimony of ROY GODSON to the Senate Select Committee on Intelligence, Open Hearing, March 30, 2017 "Disinformation: A Primer in Russian Active Measures and Influence Campaigns."* [Online]. Available at: https://www.intelligence.senate.gov/sites/default/files/documents/os-rgodson-033017.pdf [Accessed: 28th January 2018].

200 Godson, R. (2017). *Written Testimony of ROY GODSON to the Senate Select Committee on Intelligence, Open Hearing, March 30, 2017 "Disinformation: A Primer in Russian Active Measures and Influence Campaigns."* [Online]. Available at: https://www.intelligence.senate.gov/sites/default/files/documents/os-rgodson-033017.pdf [Accessed: 28th January 2018].

201 レーニンに関する政治的ジョーク。

202 Lenin, V. I. (1902). *What Is To Be Done?*. Marxists Internet Archive. [Online]. Available at https://www.marxists.org/archive/lenin/works/download/what-itd.pdf [Accessed: 28th January 2018].

203 Schoen, F. and Lamb, C. (2012). *Deception, disinformation, and strategic communications*. Washington D.C.: National Defense University Press.

204 Beaumont, R. (1982). *Maskirovka: Soviet Camouflage, Concealment and Deception*. College Station, Texas: Center for Strategic Technology, A & M University System.

205 Rothstein, H., and Whaley, B. (2013). *The Art and Science of Military Deception (Artech House Intelligence and Information Operations)*. New York: Artech House.

206 Russia's renewed military thinking: Non-linear warfare and reflexive control. National Defense University [online]. Available at: http://cco.ndu.

edu/Portals/96/Documents/Articles/russia%27s%20renewed%20Military%20 Thinking.pdf [Accessed 20th January 2017].

207 Russia's renewed military thinking: Non-linear warfare and reflexive control. National Defense University [online]. Available at: http://cco.ndu. edu/Portals/96/Documents/Articles/russia%27s%20renewed%20Military%20 Thinking.pdf [Accessed 20th January 2017].

208 Russia's renewed military thinking: Non-linear warfare and reflexive control. National Defense University [online]. Available at: http://cco.ndu. edu/Portals/96/Documents/Articles/russia%27s%20renewed%20Military%20 Thinking.pdf [Accessed 20th January 2017].

209 Russia's renewed military thinking: Non-linear warfare and reflexive control. National Defense University [online]. Available at: http://cco.ndu. edu/Portals/96/Documents/Articles/russia%27s%20renewed%20Military%20 Thinking.pdf [Accessed 20th January 2017].

210 Fitzgerald, M. C. (1999). *Russian Views on IW, EW, and Command and Control: Implications for the 21st Century*. [Online]. Available at: http://www. dodccrp.org/events/1999_CCRTS/pdf_files/track_5/089fitzg.pdf [Accessed: 28th January 2018].

211 Fitzgerald, M. C. (1999). *Russian Views on IW, EW, and Command and Control: Implications for the 21st Century*. [Online]. Available at: http://www. dodccrp.org/events/1999_CCRTS/pdf_files/track_5/089fitzg.pdf [Accessed: 28th January 2018].

〔略　歴〕

著者

ダニエル・P・バゲ（Daniel P. Bagge）

チェコ共和国の米国およびカナダのサイバー担当大使館員。国家サイバー情報セキュリティ庁（National Cyber and Information Security Agency〔NCISA〕）に勤務しており、ワシントンDCにあるチェコ共和国大使館を拠点としている。以前は、NCISAのサイバーセキュリティポリシー部長であった。彼は共同執筆した『国家サイバーセキュリティ戦略』の実施を担当し、国家サイバーセキュリティセンター内に戦略的情報と分析、教育と演習、国際組織と法、国家戦略と政策、および重要情報インフラ防護部隊を設立した。彼は自分の部署の専門知識をACT NATO、USCYBERCOM、USAFRICOM、米国議会、ウクライナの軍事・国家安全保障組織、バルカン半島およびその他の国々に提供した。彼はドイツのミュンヘン連邦軍大学／ジョージ・C・マーシャルセンターで修士号を取得している。

監修者

鬼塚 隆志（おにづか たかし）

1949年、鹿児島県生まれ。1972年防衛大学校電気工学科卒（16期）。現在、株式会社エス・エス・アール取締役、株式会社NTTデータアドバイザー、日本戦略研究フォーラム政策提言委員。フィンランド防衛駐在官（エストニア独立直後から同国防衛駐在官を兼務）、第12特科連隊長兼宇都宮駐屯地司令、陸上自衛隊調査運用室長、東部方面総監部人事部長、愛知地方連絡部長、富士学校特科部長、化学学校長兼大宮駐屯地司令歴任後退官（陸将補）。単著『小国と大国の攻防』（内外出版）、共著『日本の核論議はこれだ』（展転社）、『基本から問い直す　日本の防衛』（内外出版）等、共訳書『中国の進化する軍事戦略』『中国の情報化戦争』（ともに原書房）、論文「高高度電磁パルス（HEMP）攻撃の脅威　─喫緊の課題としての対応が必要─」「ノモンハン事件に関する研究」「国民の保護機能を実効性あるものとするために」等多数。

訳者

木村 初夫 （きむら はつお）

1953年、福井県生まれ。1975年金沢大学工学部電子工学科卒。現在、株式会社エヌ・エス・アール取締役、株式会社NTTデータアドバイザー。1975年日本電信電話公社入社、航空管制、宇宙、空港、核物質防護、危機管理、および安全保障分野の調査研究、システム企画、開発担当、株式会社NTTデータのナショナルセキュリティ事業部開発部長、株式会社NTTデータ・アイの推進部長、株式会社エヌ・エス・アール代表取締役歴任。共訳書に『中国の進化する軍事戦略』『中国の情報化戦争』『中国の海洋強国戦略　―グレーゾーン作戦と展開―』（以上、原書房）、および『中国軍人が観る「人に優しい」新たな戦争　知能化戦争』（解説、五月書房新社）がある。主な論文に「A2/AD環境下におけるサイバー空間の攻撃および防御技術の動向」「A2/AD環境におけるサイバー電磁戦の最新動向」（ともに『月刊JADI』所収）等がある。

マスキロフカ

進化するロシアの情報戦！
サイバー偽装工作の具体的方法について

本体価格…………… ２３００円（＋税）
発行日…………… ２０２１年１０月　１日　初版第１刷発行

著　者…………… ダニエル・P・バゲ
監修者…………… 鬼塚隆志
訳　者…………… 木村初夫
編集人…………… 杉原　修
発行人…………… 柴田理加子
発行所…………… 株式会社 五月書房新社
　　　　　　　　 東京都世田谷区代田１−２２−６
　　　　　　　　 郵便番号　１５５−００３３
　　　　　　　　 電　話　０３−６４５３−４４０５
　　　　　　　　 FAX　０３−６４５３−４４０６
　　　　　　　　 URL　www.gssinc.jp

編集／組版………… 片岡　力
装　幀…………… 今東淳雄
印刷／製本………… 株式会社 シナノパブリッシングプレス

Unmasking Maskirovka:
Russia's Cyber Influence Operations
Written by © Daniel P. Bagge, 2019
Edited by © Defense Press, LLC, 2019
http://defensepress.com
Japanese translation and electronic rights arranged with Daniel P. Bagge
through Tuttle-Mori Agency, Inc., Tokyo.
Japanese translation copyright
by © National Security Research Co., Ltd., 2021
by © Gogatsu Shobo Shinsha, Inc., 2021
Printed in Japan, 2021
ISBN: 978-4-909542-34-2 C0031

好評既刊

中国軍人が観る「人に優しい」新たな戦争 知能化戦争

龐 宏亮著　安田 淳監訳　上野正弥、金牧功大、御器谷裕樹訳　木村初夫解説

自律型人工知能兵器の登場で、戦争は戦場で兵士が死傷することのない「人に優しい」戦争になるのか、それともそれは別の悲劇の幕開けにすぎないのか……。情報化から知能化へと新たな段階に移行しつつある未来の戦争の形態を、現役の中国軍人が分析・予測する。

3,500 円＋税　A5 判上製　ISBN978-4-909542-33-5 C0031

［新装版］ 大国政治の悲劇

ジョン・J・ミアシャイマー著、奥山真司訳

大国政治の悲劇は国際システムの構造に起因するのであって、人間の意志ではコントロールできない――。旧版にはなかった最終章「中国は平和的に台頭できるか？」「日本語版に寄せて」および註釈をすべて訳出した、「国際政治の教科書」の完全版。

5,000 円＋税　A5 判並製　ISBN978-4-909542-17-5 C0031

［増補改訂版］ 裁判官幹部人事の研究

西川伸一著

裁判官の昇進管理は資質・能力よりも経歴を基準として行なわれ、「人事は裁判官の最大の関心事」となっている。もはや官僚制的人事システムと化した裁判官の出世街道（キャリアパス）を実証的に可視化。司法関係者必携！　待望の増補改訂版‼

7,600 円＋税　A5 判上製　ISBN978-4-909542-29-8 C0031

近刊予定

［合本改訂版］ 戦略と地政学 （仮題）

コリン・グレイ、ジェフリー・スローン編著、奥山真司訳

旧版で二分冊だった『戦略と地政学① 進化する地政学』『戦略と地政学② 胎動する地政学』を一冊に合本化。長らく復刊が待たれていた地政学の金字塔が、新しく訳文を見直し解説を加筆改訂して、決定版としてついに甦る！　2021 年刊行予定。

ロシアの国家安全保障シリーズ②
反射統制の理論 ロシアの情報戦略の原点と進化 （仮題）

アンティ・バサラ著、　鬼塚隆志監修　壁村正照、木村初夫訳

敵性国家の意思決定に影響を及ぼそうとする工作はソビエト連邦以来のロシアの十八番であると同時に、ソーシャルネットワーク全盛の今日ますます注目を集めている。本書はその影響工作の理論的な基盤である「反射統制（Reflexive Control）」理論をフィンランド国防大学の軍人が総合的に研究したもので、反射統制理論について本格的に紹介した本としては本邦初の解説書。〈ロシアの国家安全保障シリーズ〉の第２弾。2021 年秋刊行予定。

㈱五月書房新社

〒 155-0033　東京都世田谷区代田 1-22-6
☎ 03-6453-4405　FAX 03-6453-4406　www.gssinc.jp